U0664077

高等学校系列教材

基础设施施工及创新实践

骆忠伟　张林春　主编
苏　谦　主审

中国建筑工业出版社

图书在版编目（CIP）数据

基础设施施工及创新实践 / 骆忠伟，张林春主编.
北京：中国建筑工业出版社，2025.7. --（高等学校系
列教材）. -- ISBN 978-7-112-31311-2

Ⅰ. TU99

中国国家版本馆 CIP 数据核字第 202583YR42 号

　　"基础设施施工及创新实践"是为土建大类专业开设的"专业＋创新创业"结合的专创融合课程。本书为该课程的配套教材，共分 8 个模块：海绵城市建设、综合管廊、城市轨道交通、公路与桥梁、高速铁路、机场与港口、环境治理、水利工程，书后有附录，包含 3 个实战案例，另外书中也附有二维码数字资源，包括微课视频、创新创业故事等数字化教学资源辅助教学。本书在编排中，每个模块以"导读"树立学习目标任务，以"知识链接""拓展阅读"等互动型学习引导内容，辅助提升学习效果，以"创新案例"深入探寻我国"超级工程"中的创新突破及基建人的创业历程，以创新实践及编写人员指导的实战项目激发培养创新创业意识及创新创业能力。

　　本书适用于高等院校创新创业课程教材，也可供相关工程技术人员参考。

　　为便于教学，本书作者特制作了教材课件，如有需求可扫二维码下载。

责任编辑：王美玲
责任校对：赵　菲

教材PPT

高等学校系列教材

基础设施施工及创新实践

骆忠伟　张林春　主编
苏　谦　主审

＊

中国建筑工业出版社出版、发行（北京海淀三里河路 9 号）
各地新华书店、建筑书店经销
北京红光制版公司制版
河北京平诚乾印刷有限公司印刷

＊

开本：787 毫米×1092 毫米　1/16　印张：11¼　字数：274 千字
2025 年 7 月第一版　　2025 年 7 月第一次印刷
定价：**45.00** 元（赠教师课件，数字资源）
ISBN 978-7-112-31311-2
（45324）

版权所有　翻印必究
如有内容及印装质量问题，请与本社读者服务中心联系
电话：(010) 58337283　　QQ：2885381756
（地址：北京海淀三里河路 9 号中国建筑工业出版社 604 室　邮政编码：100037）

前　　言

国务院办公厅《关于进一步支持大学生创新创业的指导意见》（国办发〔2021〕35号）文件要求，以习近平新时代中国特色社会主义思想为指导，深入贯彻落实党的十九大和十九届二中、三中、四中、五中全会精神，全面贯彻党的教育方针，落实立德树人根本任务，立足新发展阶段、贯彻新发展理念、构建新发展格局，坚持创新引领创业、创业带动就业，支持在校大学生提升创新创业能力，支持高校毕业生创业就业，提升人力资源素质，促进大学生全面发展，实现大学生更加充分更高质量就业。四川省人民政府办公厅《关于进一步支持大学生创新创业的实施意见》（川办发〔2022〕75号）中明确指出：将创新创业教育贯穿人才培养全过程，深化高校创新创业教育改革，健全创新创业教育体系，加强创新创业教育和专业教育深度融合的课程体系建设。

党的二十大报告强调，必须坚持科技是第一生产力、人才是第一资源、创新是第一动力，深入实施科教兴国战略、人才强国战略、创新驱动发展战略，开辟发展新领域新赛道，不断塑造发展新动能新优势。在这个科技快速迭代的时代，创新显得愈发重要。它是推动社会进步的源动力，是引领我们走向未来的关键。科技的飞速发展，让我们的生活日新月异，而创新精神则是驱动这一变化的核心力量。拥有创新精神，我们才能在激烈的竞争中脱颖而出，才能不断开拓新的领域，创造更多的可能性。

发展新质生产力，新动能、新产业正成为经济增长新引擎。本书基于建筑工程专业背景，立足建筑行业前沿技术，学习创新方法与创新理论的实践运用，提高学习者创新创业能力。创新可以被定义为在现有知识、技术或方法的基础上，创造出新颖且有价值的事物或解决方案的过程，其本质是突破传统思维的限制，勇于尝试新的想法和方法。创新不仅是指发明新的产品或服务，还包括改进现有的方法、流程或观念，它可以体现在各个领域，如科技、艺术、商业、教育等，它需要创造力、勇气和决心，同时也需要对现有知识和经验的深入理解。

"基础设施施工及创新实践"是为土建大类专业开设的"专业＋创新创业"的专创融合课程。本书为该课程的配套教材，并有微课视频、创新创业故事等数字化资源辅助教学。本书在编排中，每个模块以"导读"树立学习目标，以"知识链接""拓展阅读"等互动型学习引导内容，辅助提升学习效果，以"创新案例"深入探寻我国"超级工程"中的创新突破与基建人的创业历程，以创新实践及编写人员指导的实战项目激发创新创业意识及培养创新创业能力。

本书由四川建筑职业技术学院骆忠伟、张林春主编，西藏职业技术学院谢亮、四川建筑职业技术学院张爱莲担任副主编，四川建筑职业技术学院苏谦教授任主审。全书由骆忠伟统稿。四川建筑职业技术学院刘觅、赵茗、王倩、李志伟、黄敏、刘鉴秾、邱一迪、王唢、曹梦强，四川水发勘测设计研究院有限公司韩艳参与编写。具体分工如下：模块1由骆忠伟、李志伟编写，模块2由赵茗、黄敏编写，模块3由赵茗、王唢编写，模块4由谢亮、曹梦强编写，模块 5 由张林春、邱一迪编写，模块 6 由刘觅、刘鉴称编写，模块 7 由张林春、张爱莲编写，模块 8 由王倩、韩艳编写，附录由张爱莲、李志伟编写，全书的创新创业小故事由李志伟整理。

创新精神不仅体现在科技领域，还贯穿于生活的方方面面。它促使我们敢于挑战传统，勇于探索未知，用新的思维和方法解决问题。在这个充满机遇和挑战的时代，只有不断创新，才能紧跟时代步伐，适应社会的发展。编者总结了多年的工程和教学经验，参考了大量基础设施建设和创新创业教育相关教学资料并引用了部分网上公开资料，在此一并向这些图书和资料的作者表示感谢。特别感谢教育部全国职业院校教师教学创新团队建设体系化课题研究项目立项课题"基于需求导向的团队共同体破界跨区域协同合作机制研究"（项目编号：TX20200108）和四川省教育厅 2022～2024 年职业教育人才培养和教育教学改革研究项目"新时代土建类职业教育'双师型'教师队伍建设路径实践研究"（项目编号：GZJG2022-460）的资助。由于编者水平有限，书中难免有不妥之处，恳请读者批评指正。

目　　录

模块 1　海绵城市建设

模块导读

海绵城市建设，是生态文明建设背景下，基于城市水文循环，重塑城市、人、水新型关系的新型城市发展理念，具体是指通过加强城市规划建设管理，充分发挥建筑、道路和绿地、水系等生态系统对雨水的吸纳、蓄渗和缓释作用，有效控制雨水径流，实现自然积存、自然渗透、自然净化的城市发展方式。海绵城市建设能有效缓解快速城市化过程中的各种水问题，有效改善城市热岛效应等生态问题，创造具备生态和景观等功能的公共空间，是修复城市水生态、涵养水资源、增强城市防涝能力、扩大公共产品有效投资、提高新型城镇化质量、增强市民的获得感和幸福感、促进人与自然和谐共生的有力手段。

知识目标

了解海绵城市、雨洪管理的基本概念以及建设海绵城市的意义；掌握海绵城市蓄水、净水和用水机理，熟悉海绵城市建设的方法、维护和管养等技术；了解海绵城市建设现状以及所面临的问题。

能力目标

掌握海绵城市的构成要素以及海绵城市建设的主要方法；能辨别并掌握如何利用自然排水设施、人为措施等实现对雨水的吸纳、蓄渗、净化和使用。

素质目标

以"海绵"来比喻一个以富有弹性、自然积存、自然渗透、自然净化为特征的生态城市，其中包含深刻的哲理：化排他为包容，化对抗为和谐。引导学生从更高的视野去审视人类以个体利益为中心的雨水价值观，以包容、和谐的团队协作精神利用好每一滴雨水，实现生态系统的良性循环；鼓励学生在海绵城市建设中提出创新的思路和方法，培养解决问题的能力。

1.1 海绵城市建设基本概述

1.1.1 海绵城市及雨洪管理

1. 海绵城市的定义

海绵，想必对大家来说都不陌生，它是一种多孔材料，其主要特点是具有良好的吸水性。什么是海绵城市呢？自然环境当中，承受降雨的流域下垫面有丰富的地表水系和水体，在一次降雨过程中，下降雨量能顺利通过地表水体滞蓄起来，能透过有疏松孔隙的地表和土壤下渗，可以保证雨水及时下渗、吸收、蓄存以及净化，说明自然条件下的流域下垫面可以起到"海绵体"的作用，如图1-1所示。

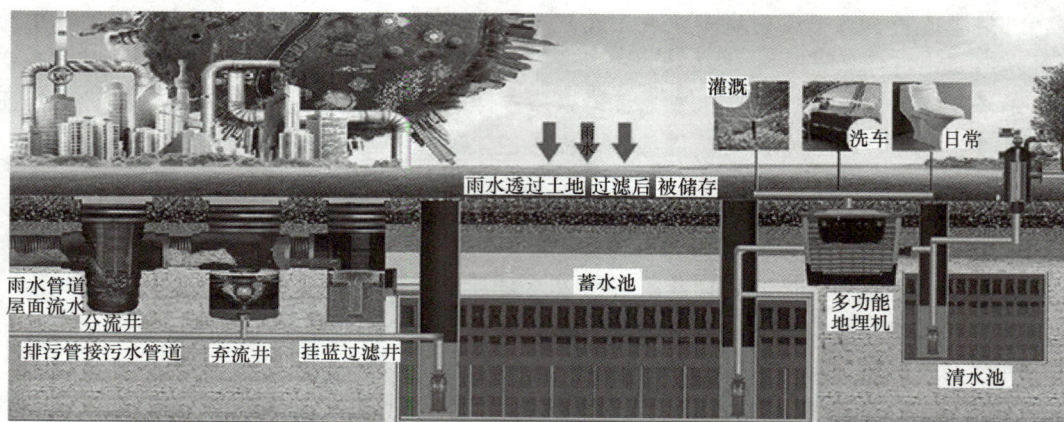

图 1-1　雨水的下渗、吸收、蓄存以及净化

而不同专业、不同背景的人对海绵城市的理念有不同的认知和定义。《海绵城市建设技术指南——低影响开发雨水系统构建》对海绵城市的定义为：海绵城市是指城市能够像海绵一样，在适应环境变化和应对自然灾害等方面具有良好的"弹性"，下雨时吸水、蓄水、渗水、净水，需要时将蓄存的水"释放"并加以利用。该定义的内涵主要解决以下三个层次的问题：

（1）解决城市或地区洪涝及干旱问题。

（2）解决城市或地区水环境及水资源污染问题。

（3）解决城市或地区生态环境的可持续发展问题。

城市"海绵体"既包括河、湖、池塘等水系，也包括绿地、花园、可渗透路面等城市配套设施，海绵城市示意图如图1-2所示。

2. 海绵城市的雨洪管理

雨指雨水，洪指洪水，雨洪管理是一种概念。总体来说是从对水的恐惧到以水为友的转变，从单纯以工程方式解决向以工程和非工程相结合的方式转变。

国外对洪水和雨水的管理经历着一个相似的发展历程，具体来讲是从建设以防洪为目的的管渠工程，将雨水直接排入河流，到修建大量的处理设施集中对雨水进行处理，最后

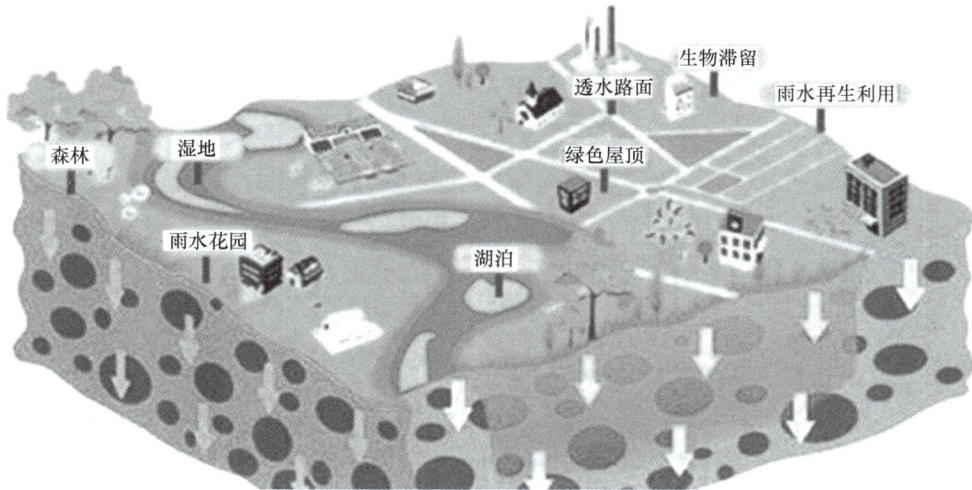

图 1-2　海绵城市示意图

图中标注：森林、湿地、透水路面、生物滞留、雨水再生利用、绿色屋顶、雨水花园、湖泊

到分散式处理，尽量将雨水就地解决和处理的过程。我国城市面临的洪涝灾害和水资源紧缺状况，需要通过整体、综合、多目标的解决途径，而非单一目标或工程的方式来解决。

在我国，因传统雨洪管理的弊端而提出了海绵城市建设的理念，二者关系密切。第一，海绵城市建设视雨洪为资源，重视生态环境；第二，海绵城市建设的目标就是要减少地表径流和面源污染；第三，海绵城市建设将会降低洪峰和减少洪流量，保证城市的防洪安全。

1.1.2　海绵城市建设的意义及特征

1. 海绵城市建设的意义

如今城市的开发建设和迅速发展破坏了自然"海绵体"，导致"逢雨必涝、雨后即旱"，同时引发了水环境污染、水资源紧缺、水安全缺乏保障、水文化消失等一系列问题。据统计，过去几年内我国超过 360 个城市遭遇内涝，目前，"逢雨必涝"已经成为我国城市重大灾害之一。一方面，随着我国城市化快速发展造成的"热岛效应"和"混浊岛效应"增强，城市暴雨现象频率不断提高；另一方面，城市存在大量的硬质铺装，如柏油路面、水泥路面，降雨时水渗透性不好，储水体较少，无法滞纳短期急剧增加的雨水。因此，随着经济和基础设施建设的飞速发展，我国城市面临的雨洪问题也变得更加严峻。

海绵城市建设是政府在城市雨水管理方面提出的一项战略性重大决策，该项工作的实施涉及水利、市政、交通、城建、环保、生态、农林及景观等多个领域的管理与合作。2012 年 4 月，在 2012 低碳城市与区域发展科技论坛中，"海绵城市"概念被首次提出；2013 年 12 月 12 日，习近平总书记在中央城镇化工作会议的讲话中强调："提升城市排水系统时要优先考虑把有限的雨水留下来，优先考虑更多利用自然力量排水，建设自然存积、自然渗透、自然净化的海绵城市"；2017 年 3 月 5 日，中华人民共和国第十二届全国人民代表大会第五次会议上，李克强总理在政府工作报告中提到：统筹城市地上地下建设，开工建设城市地下综合管廊 2000 公里以上，启动消除城区重点易涝区段三年行动，

3

推进海绵城市建设，使城市既有"面子"，更有"里子"。

2. 海绵城市建设的特征

（1）降雨尽量就地消化。即通常所说的蓄水，地表蓄水水体如水库、湖泊，如图1-3所示。地下蓄水水体如透水路面、地下水窖，如图1-4所示。

图 1-3　地表蓄水水体

图 1-4　地下蓄水水体

（2）流出本地的水流必须清澈如甘泉。即通常所说的污水治理。本地产生的污水必须在本地治理，不能把治理污水的负担留到下游。

（3）对地表蓄水和地下蓄水必须加以重复高效利用。

（4）每个海绵城市的区块要尽量满足本地所有的用水需求。

（5）逐渐提升海绵城市的生态环境功能。

（6）海绵城市的理想目标是将海绵城市建设成为新兴的青山绿水，使得海绵城市返归为自然生态的组成部分，如图1-5所示。

海绵城市建设的意义：通过城市规划、建设、管理，实现建筑与小区、城市道路、绿地与广场、城市水系等不同下垫面的雨水控制和利用，达到修复水生态、改善水环境、保障水安全、涵养水资源的多重目标，具体包括水资源管理、节约用水、水污染治理、洪水管理、城市内涝管理、湿地生态恢复等。

1. 知识链接

图 1-5　海绵城市返归为自然生态的组成部分

1.2　海绵城市建设方法

海绵城市建设把雨水的渗透、滞留、集蓄、净化、循环使用和排水密切结合，统筹考虑内涝防治、径流污染控制、雨水资源化利用和水生态修复等多个目标。具体技术方面，可通过城市基础设施规划、设计及其空间布局来实现，其核心就是合理地控制城市下垫面的雨水径流，使雨水就地消纳和吸收利用，可以概括为六个字：渗、蓄、滞、净、用、排。

1.2.1　海绵城市——渗

由于城市下垫面均被水泥覆盖，改变了原有自然生态本底和水文特征，渗透性能降低，因此要把渗透放在第一位，加强渗透。其好处在于，可以减少地表径流，避免雨水从水泥地面、路面汇集到管网；同时，涵养地下水，补充地下水的不足，还能通过土壤净化水质，改善城市微气候。而渗透雨水的方法多样，主要是改变各种路面、地面铺装材料，改造屋顶绿化，调整绿地竖向，从源头将雨水留下来，然后"渗"下去。

1. 透水景观铺装

传统的城市开发中，无论是市政公共区域景观铺装还是居住区景观铺装设计，多数采用的是透水性差的材料，导致雨水渗透性差，这个问题可以通过透水景观铺装有效解决，如图 1-6 所示。

2. 透水道路铺装

传统城市开发建设中，道路占据城市面积的 $10\%\sim25\%$，而传统的道路铺装材料也是导致雨水渗透性差的重要因素之一，除了可以通过透水景观铺装实现雨水渗透外，还可以将园区道路、居住区道路、停车场铺装材料改为透水混凝土，如图 1-7 所示，加大雨水渗透量，减少地表径流，渗透的雨水储蓄在地下储蓄池内，经净化后排入河道或者补给地下水，减少了雨水对路面的冲刷和径流排水对水源的污染。

5

图 1-6　透水景观铺装 　　　　　　　　　　　　　图 1-7　透水混凝土

3. 绿色建筑

海绵城市建设措施不仅在于地面，屋顶和屋面雨水的处理也同样重要。在承重、防水和坡度合适的屋面打造绿色屋顶，如图 1-8 所示，利于屋面完成雨水的减排和净化。对于不适用绿色屋顶的屋面，也可以通过排水沟、雨水链等方式引导雨水进行储蓄或下渗。

图 1-8　绿色屋顶

1.2.2　海绵城市——蓄

"蓄"是指把雨水留下来，过程中要尊重自然的地形地貌，使降雨得到自然散落。人工建设破坏了自然地形地貌，短时间内水汇集到一个地方，就形成了内涝。为了避开雨水洪峰，实现雨水循环利用，避免初期雨水对排放水体的污染，在海绵城市建设中需要人工修建雨水蓄水池——一种口袋型的存水构筑物，临时性地把雨水存蓄起来，待最大流量下降后再从蓄水池中将雨水慢慢地排出。雨水蓄水池主要包含 8 个组成部分：池体、出水井、沉沙井、高/低位通气帽、进水水管、出水水管、溢流管、曝气系统。雨水蓄水池一般修建在道路广场、停车场、绿地、公园、城市水系等公共区域的下方。储存的水经过处理，不仅可以用来清洁路面、水景补水、冲刷厕所、浇灌花草，还可以用作消防用水或循环冷却水。雨水蓄水池按材质来分，一般可分为玻璃钢蓄水池、不锈钢蓄水池、钢筋混凝土蓄水池以及 PP 模块蓄水池，如图 1-9 所示。

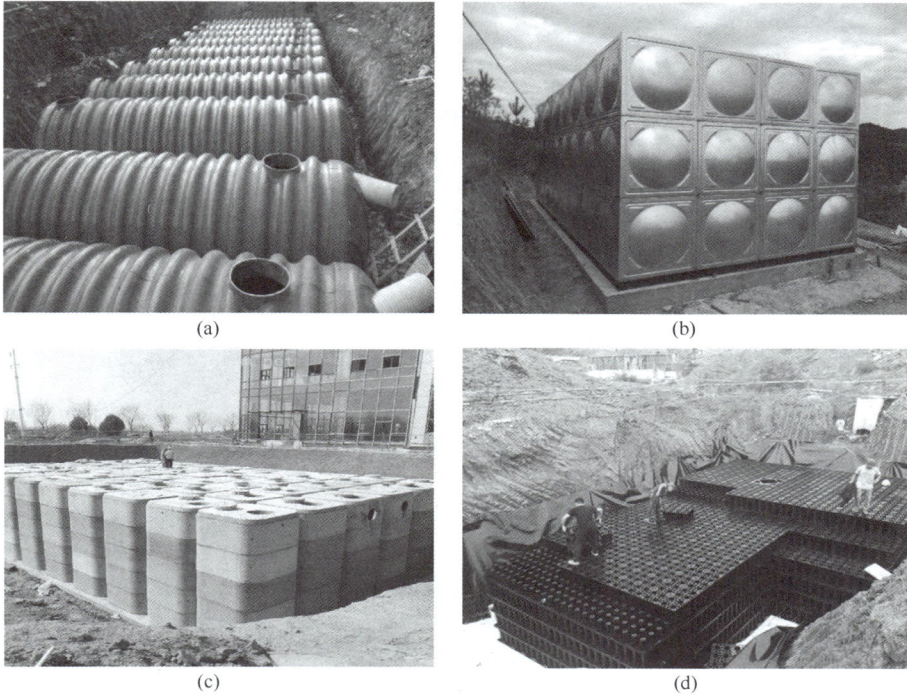

(a)   (b)

(c)   (d)

图 1-9　常见的不同材质的雨水蓄水池
（a）玻璃钢蓄水池；（b）不锈钢蓄水池；
（c）钢筋混凝土蓄水池；（d）PP 模块蓄水池

1.2.3　海绵城市——滞

"滞"的主要作用是延缓短时间内形成的雨水径流量。例如，通过微地形调节，让雨水慢慢地汇集到一个地方，用时间换空间。城市内降雨不同于大江大河，历时按分钟、小时计，短历时强降雨会对下垫面产生冲击，形成快速径流，积水后导致内涝，通过"滞"，可以延缓形成径流的高峰。具体形式有雨水花园、生态滞留区等。

1. 雨水花园

雨水花园是指在园林绿地中种有树木或灌木的低洼区域，由树皮或地被植物作为覆盖。它通过将雨水滞留下渗来补充地下水并降低暴雨地表径流的洪峰，还可通过吸附、降解、离子交换和挥发等过程减少污染。其中，浅坑部分能够蓄积一定量的雨水，延缓雨水汇集的时间；土壤能够增强雨水下渗，缓解地表积水现象；蓄积的雨水能够供给植物利用，减少绿地的灌溉用水量。如图 1-10 所示。

2. 生态滞留区

从概念上来讲，生态滞留区就是浅水洼地或景观区利用工程土壤和植被来存储和治理径流的一种形式，治理方式包括草地过滤、有机层或覆盖层、种植土壤和植被等，如图 1-11 所示。生态滞留区对土壤的要求和工程技术的要求不同于雨水花园，其形式根据场地位置不同也较为多样，如生态滞留带、滞留池等。

图 1-10　雨水花园

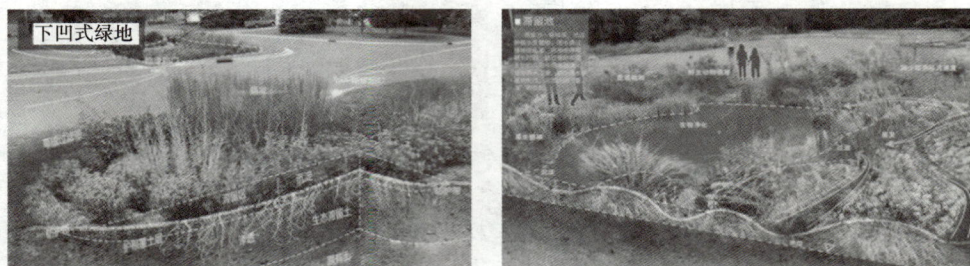

图 1-11　生态滞留区

1.2.4　海绵城市——净

　　土壤的渗透、植被、绿地系统、水体等都能对水质产生净化作用。因此，应将雨水蓄起来，经过净化处理，回用到城市中。雨水净化系统根据区域环境不同而设置不同的净化体系，根据区域环境可将雨水净化系统大体分为三类：居住区雨水收集净化、工业区雨水收集净化、市政公共区域雨水收集净化。

1. 居住区雨水收集净化

　　由于居住区建筑面积和绿化面积较大，雨水冲刷过后，大部分可以经生态滞留区、雨水花园、渗透池收集起来，经过土壤过滤，下渗到模块蓄水池中，相对来说雨水径流量较少。所以利用海绵城市雨水收集系统将雨水汇存、下渗、过滤，然后经过生物技术净化，就可以大量用于绿化灌溉、冲厕、洗车等。

2. 工业区雨水收集净化

　　工业区有别于居住区，相对来说绿地面积较少，硬质场地和建筑较多，再加上工业产物的影响，在海绵城市雨水收集和净化环节就要格外注意下渗雨水的截污环节。经过承载海绵城市原理的园林设施对工业污染物的过滤之后，雨水经过土壤下渗到模块蓄水池，在这个过程中设置截污处理对下渗雨水进行二次净化。雨水进入模块蓄水池配合生物技术再次净化后，可循环利用于冷却水补水、绿化灌溉、混凝土搅拌等。

3. 市政公共区域雨水收集净化

市政公共区域雨水收集净化相较于前两个区域环境有着独有的特点：绿地面积大，不同地区山体高程不同，所以径流量不同，并且河流、湖泊面积较大，所以减缓雨水冲刷对山体表面的冲击破坏和对水源的直接污染是最为重要的问题。就上述问题而言，市政区域雨水净化在雨水收集方面要考虑生态滞留区和植物缓冲带对山体的维护作用以及对河流、湖泊的过滤作用，在雨水调蓄方面主要使用调蓄池来对下渗雨水进行调蓄，净化后的水一方面用于市政绿化和公厕冲水，一方面排入河流、湖泊补给水源，解决了水资源短缺的问题。

根据区域环境的不同设置不同的雨水净化环节，现阶段较为常见的雨水净化过程分为三个环节：土壤渗滤净化、人工湿地净化、生物处理。

（1）土壤渗滤净化

大部分雨水在收集的同时进行土壤渗滤净化，并通过穿孔管排入次级净化池或贮存在渗滤池中；来不及通过土壤渗滤的表层水则经过水生植物初步过滤后排入初级净化池中。

（2）人工湿地净化

分为两个处理过程，一是初级净化池，用于净化未经土壤渗滤的雨水；二是次级净化池，用于进一步净化初级净化池排出的雨水，以及经土壤渗滤排出的雨水。经二次净化的雨水排入下游清水池中，或用水泵直接提升到山地贮水池中。初级净化池与次级净化池之间、次级净化池与清水池之间用水泵供给循环动力。

（3）生物处理

在清水池或山地贮水池中，引入具有特定功能的微生物群落。这些微生物能够分解雨水中残留的有机污染物，将其转化为无害的物质，如二氧化碳、水和简单的无机物。同时，池中还会投放一些对水质净化有益的水生生物，像螺蛳、河蚌等底栖生物，它们能摄取水中的悬浮颗粒和藻类，进一步降低雨水中的杂质含量。在生物处理过程中，会通过实时监测水质指标，如化学需氧量（COD）、氨氮、总磷等，来调整微生物和水生生物的投放量以及环境条件，确保处理效果达到最佳。处理后的雨水可根据需求，用于城市绿化灌溉、道路喷洒降尘、景观补水等，实现水资源的高效循环利用，最大化发挥海绵城市建设中雨水净化与回用的综合效益。

1.2.5　海绵城市——用

经过土壤渗滤净化、人工湿地净化、生物处理多层净化之后的雨水要尽可能被利用，不管是丰水地区还是缺水地区，都应该加强对雨水资源的利用。收集雨水不仅能缓解洪涝灾害，收集的水资源还可以进行利用，如将停车场上面的雨水收集净化后用于洗车等。我们应该通过"渗"涵养，通过"蓄"把水留在原地，再通过"净"把水"用"在原地。

1.2.6　海绵城市——排

"排"是指利用城市竖向与工程设施相结合、排水防涝设施与天然水系河道相结合、地面排水与地下雨水管渠相结合的方式来实现一般排放和超标雨水排放，避免内涝等灾害。有些城市因为降雨过多导致内涝，必须要采取人工措施，把雨水排掉。

当雨水峰值过高时，可通过地面排水与地下雨水管渠相结合的方式来实现一般排放和超标雨水排放，避免内涝等灾害。经过雨水花园、生态滞留区、渗透池净化之后蓄起来的雨水，一部分用于绿化灌溉、日常生活，另一部分经过渗透补给地下水，多余的部分经市政管网排入河流。不仅降低了雨水峰值过高时出现积水的概率，也减少了对水源的直接污染。

【创新案例】

废旧葡萄酒橡木桶在银川市海绵城市建设中的设施应用

宁夏银川市葡萄酒产业蓬勃发展，需要生产大量的葡萄酒橡木桶。制作橡木桶的橡木是一种珍稀木材，且制作工艺繁琐，因而成本较高，1个橡木桶的价格为8000～15000元。而这些橡木桶在使用3～5年后因橡木特殊成分的减少不能重复利用，废旧橡木桶并没有其他有效的可利用方式，废弃后大面积堆放不仅影响葡萄酒庄的场地利用，而且还造成环境问题、资源浪费和火灾隐患。

橡木具有防水性、抗渗性、耐腐蚀性等特性，银川市海绵城市建设在促渗、截留和调蓄三类主要设施中充分利用了废旧葡萄酒橡木桶，工艺简单、构思独特、变废为宝，建设了具有地方特色的海绵设施景观，实现资源的重复再利用，促进了银川市水生态文明建设。

废旧葡萄酒橡木桶在海绵城市建设中具有以下应用优势：①与透水混凝土等渗透铺装相比，废旧葡萄酒橡木桶应用于透水路面工艺简单、成本低、个性感强，而且变废为宝，生态效益显著。②由于橡木特有的防水性、抗渗性、透气性、坚硬性和耐腐蚀性等特性，加之橡木桶拆分的桶板本身就具有一定的曲面，所以使用在蓄排水层中，自身形状自然具有蓄水优势，很好地解决了"透水"与"保水"之间的矛盾。③由于葡萄酒橡木桶本身是储存液体的容器，可直接利用其储水功能将其与集水管相连作为蓄水设施。在雨季时将雨水直接排入蓄水桶中，实现在夏秋季节对过量雨水的收集，而在冬春季节，通过排放蓄水橡木桶中的雨水对干旱的地面和土层进行水分补充。

具体而言，变废为宝的橡木桶可以在截留、促渗、调蓄等设施中继续发挥作用：

1. 在截留设施中的应用

该葡萄酒桶原材料——橡木具有优良的耐腐蚀性，能防止水分、病菌和其他有害物质的入侵，对液体起到屏障保护的作用。可用在海绵城市截留设施中，如在绿色屋顶的建设中，橡木桶可作为绝佳的储水容器收集绿色屋顶中多余的降水，实现城市的生态环保效益。

强降雨时蓄排水层将绿色屋顶吸纳不了的雨水排入集雨槽，多余降水通过集雨槽流入集雨口，再经由集雨管进入橡木桶中储存起来，从而实现雨水的收集再利用，如图1-12所示；干旱时，橡木桶中的水可通过出水阀门连接水管流出，对植被和土层进行水分补充。

2. 在促渗设施中的应用

透水路面促渗设施的常用做法，一种是铺装透水砖、透水混凝土；另一种是采用透水木板修建景观道路及两旁的绿化带。针对海绵城市建设中"渗"的要求，利用橡木板之间的拼接缝隙，可以有效实现雨水的下渗。从地区景观设计的角度来看，多样化的路面铺装材料还能够丰富道路景观，与其他透水材料相比，橡木板在绿化带中的应用不仅体现了废旧资源的重复利用，更提高了人们的旅游体验舒适度。

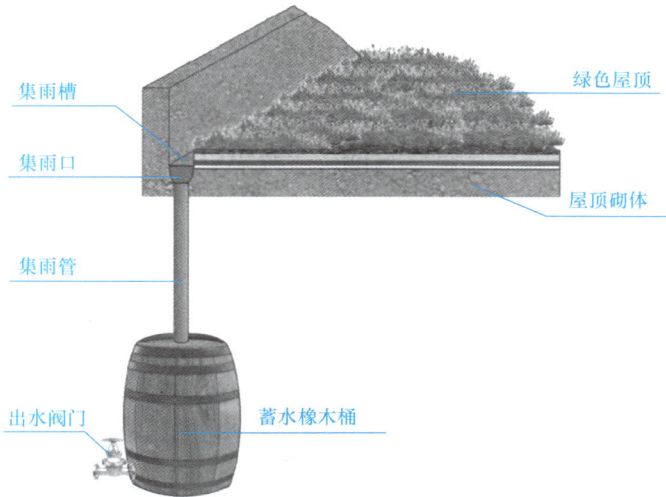

图 1-12　橡木桶蓄雨

　　此外，橡木桶还可用作透水路面中地表雨水的收集装置，在碎石基层中放置橡木桶，利用橡木桶优良的储水功能将其作为蓄水设施，用于对透水路面中下渗降水的收集，如图 1-13所示。在透水路面的集雨层中放置集雨管，将集雨管与橡木桶相连，使透水路面中下渗的降水由集雨层中的集雨管收集起来排入橡木桶中，可实现在强降雨时对过量雨水的收集。另外，与橡木桶相连的抽水喷淋管通向透水路面两侧的绿化带，抽水喷淋管口设置开关，干旱季节将管口开关打开，橡木桶中收集的雨水流入绿化带，可对植被和土层进行水分补充。

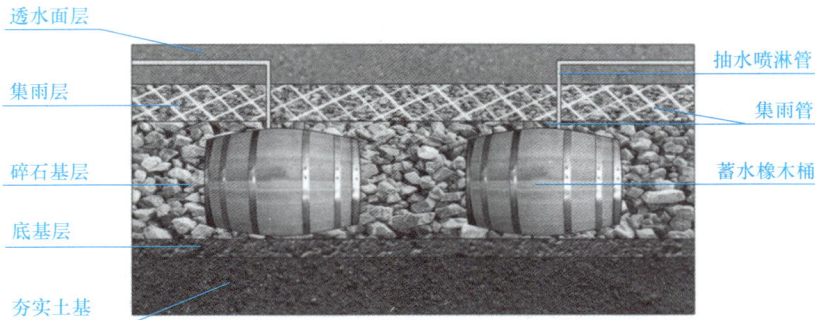

图 1-13　橡木桶的促渗及蓄水作用

3. 在调蓄设施中的应用

　　调蓄设施在海绵城市建设中扮演着重要角色，以削减径流排放总量和控制中小降雨事件径流水质为主要目标。根据当地水资源现状，采用不同形式储存一定量的雨水径流，并对其进行净化以实现对雨水的管理和调控。橡木所具有的防水性和抗渗性可实现调蓄设施中的蓄水功能，因此可利用废旧葡萄酒橡木桶建设生态沟、雨水花园等调蓄海绵设施。

　　（1）生态沟

　　生态沟主要实现海绵城市调蓄设施的排水以及减少地表径流的功能，其原理是利用地形优势对周围人行横道以及非机动车道的雨水进行收集，并通过沟内的排水层将多余的雨水引流至四周的排水系统，生态沟结构如图 1-14 所示。流经生态沟的雨水还会因经过生态沟内的植物、土壤和排水层的吸纳作用得到净化。生态沟是实现海绵城市建设中的"用""排"要求的具体举措。根据废旧葡萄酒橡木桶的抗渗性和透气性，结合橡木板之间缝隙的透水功能，可以将其应用于生态沟设施的排水层中，不仅能够提高路面的排水效率，增加雨水的收集再利用渠道，还能够改善生态景观，为银川市海绵城市景观和葡萄酒庄旅游景观增添色彩。

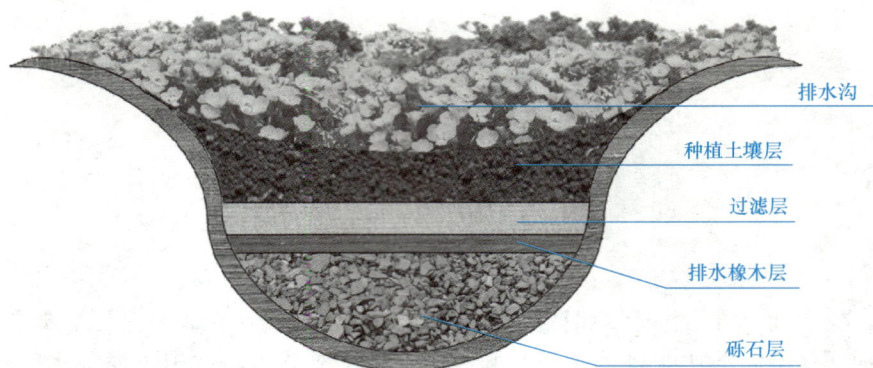

排水沟

种植土壤层

过滤层

排水橡木层

砾石层

图 1-14　生态沟结构

（2）雨水花园

针对海绵城市建设中"蓄""滞""净"的要求，利用废旧葡萄酒橡木桶橡木材料所具有的优良防水性和抗渗性，可保证雨水的有效存留。雨水花园设施结构如图 1-15 所示。砾石层中铺设了出水管和溢流井。橡木桶的桶型使其成为储存雨水的绝佳容器，在橡木桶上端打孔，并在桶内设置海绵过滤层，降雨时雨水可通过集水孔流入蓄水橡木桶中储存，海绵过滤层可对雨水起到一定程度的净化作用。橡木桶下端和出水管相连，蓄水橡木桶、出水管与喷灌洒水喷头共同组成雨水花园喷灌系统，干旱时橡木桶中储存的雨水可通过喷灌系统对地面和土层进行水分补充。因此废旧葡萄酒橡木桶在雨水花园中可利用其自身结构优势制成蓄水橡木桶。

喷灌洒水喷头

植被层

有机覆盖层

混合土层

集水孔

橡木桶过滤层

出水管

砾石层

蓄水橡木桶

图 1-15　雨水花园设施结构

1.3 海绵城市建设现状

1.3.1 国外海绵城市建设

国外对海绵城市建设的探索可追溯到 19 世纪,大规模的建设始于 20 世纪 70 年代。1852 年,巴黎的城市排水系统就被纳入建设规划之中;1859 年,伦敦地下排水系统工程动工,6 年后完工,全长 2000km;美国在 1972 年以前没有内涝防治体系,之后因为合流制的污染和城市内涝等,开始规划建设大排水系统;澳大利亚因为 1974 年发生大洪水,1975 年便开始规划建设城市内涝体系;日本东京于 1992 年开始建造"地下神庙",历时 15 年,耗资 30 亿美元,终于建成堪称世界上最先进的下水道排水系统。

在雨洪管控理念方面,比较成熟的有:美国的低影响开发(Low-Impact Development,简称 LID),采用源头削减、过程控制、末端处理的方法进行渗透、过滤、蓄存和滞留,防治内涝灾害;英国的可持续发展排水系统(Sustainable Urban Drainage Systems,简称 SUDS);澳大利亚的水敏感性城市设计(Water Sensitive Urban Design,简称 WSUD);日本的雨水贮留渗透计划。

1. 美国低影响开发(LID)

LID 理念由美国乔治省马里兰州环境资源署于 1990 年首次提出,用于城市暴雨最优化管理实践(Best Managements Practices),它倡导雨水利用与风景园林的有机结合、维护城市水系统生态平衡。LID 主要采取分散式小规模措施对雨水径流进行源头控制,核心是通过采用合理的场地开发方式,模拟自然水文条件并通过采取综合性措施,如通过渗透、滞留等措施减少雨水径流的产生;同时采用雨水的渗透、过滤、储存和蒸发方法,达到控制径流污染、削减洪峰、减少径流体积的目的,从源头上减少开发导致的水文条件的显著变化和雨水径流对生态环境的影响,维持水文平衡。

LID 理念融合了经济、环境、发展等元素,是一种基于经济及生态环境可持续发展的设计策略。城市建设面临的挑战与 LID 理念实践,如图 1-16 所示。

2. 英国可持续发展排水系统(SUDS)

SUDS 系统同样要求尽可能从源头处理径流和潜在的污染源,保护水资源免于点源与非点源污染。1999 年 5 月,英国更新国家可持续发展战略和 21 世纪议程,为解决传统排水体制产生的多发洪涝、严重的污染和对环境破坏等问题,将长期的环境和社会因素纳入排水体制及系统中,建立了 SUDS 系统,综合考虑了城市环境中水质、水量和地表水舒适宜人的娱乐游憩价值。SUDS 系统由传统的以排放为核心的排水系统上升到维持良性水循环的可持续排水系统,在设计时综合考虑径流的水质、水量、景观潜力和生态价值等。由原来只对城市排水设施的优化上升到对整个区域水系统的优化,不仅要考虑雨水,而且还要考虑城市污水与再生水,通过采取综合措施来改善城市整体水循环。英国德比市 SUDS 实例如图 1-17 所示。

3. 澳大利亚水敏感性城市设计(WSUD)

WSUD 是澳大利亚对传统开发措施的改进,强调通过城市规划和设计的整体分析方法减少对自然水循环的负面影响和保护水生态系统的健康,把城市水循环作为一个整体,

图 1-16 城市建设面临的挑战与 LID 理念实践

图 1-17 英国德比市 SUDS 实例

将雨洪管理、供水和污水管理一体化。把雨水、供水、污水（中水）管理视为各个环节，相互联系、相互影响、统筹考虑，打破了传统的单一模式，同时兼顾景观和生态环境。例如澳大利亚黄金海岸布罗德沃特海滨公园结合了示范景观、当代建筑形式和综合环境设计，将活动、历史和水结合起来创建了一个典型的绿色海滨，成功地将自然环境与连接城市和海滨的网格融合，如图 1-18 所示。基于环境的可持续和水敏感创新设计理念，雨水管理系统采用生态贮渗地和城市湿地来收集、过滤和清洁公园和南岗中央商务区的雨水，治理之后再排入布罗德沃特水域，作为自然水循环的补充，这一系统每年可减少 90% 污水量；铺筑地区的雨水被导流至植被覆盖区，既能实现雨水灌溉，又能有效分离非渗透区和传统排水系统主线，使城市雨水对布罗德沃特水域的负面影响降到最低；生态贮渗地是具有渗透性的盆地，可通过砂质土壤过滤雨水、补充地下水。

14

图 1-18　布罗德沃特海滨公园绿色海滨

4. 日本雨水贮留渗透计划

日本是个水资源较缺乏的国家，政府十分重视对雨水的收集和利用，早在 1980 年，日本建设省就开始推行雨水贮留渗透计划，1992 年颁布的"第二代城市下水总体规划"正式将雨水渗沟、渗塘及透水地面作为城市总体规划的组成部分，要求新建和改建的大型公共建筑群必须设置雨水就地下渗设施，要求城市中的每公顷新开发土地应附设 $500m^3$ 的雨洪调蓄池，如图 1-19 所示。1988 年还成立了民间组织"日本雨水贮留渗透技术协会"。这些计划、规划和非政府性的组织为日本城市雨水资源的控制及利用奠定了基础，保障了雨水资源化的实施。

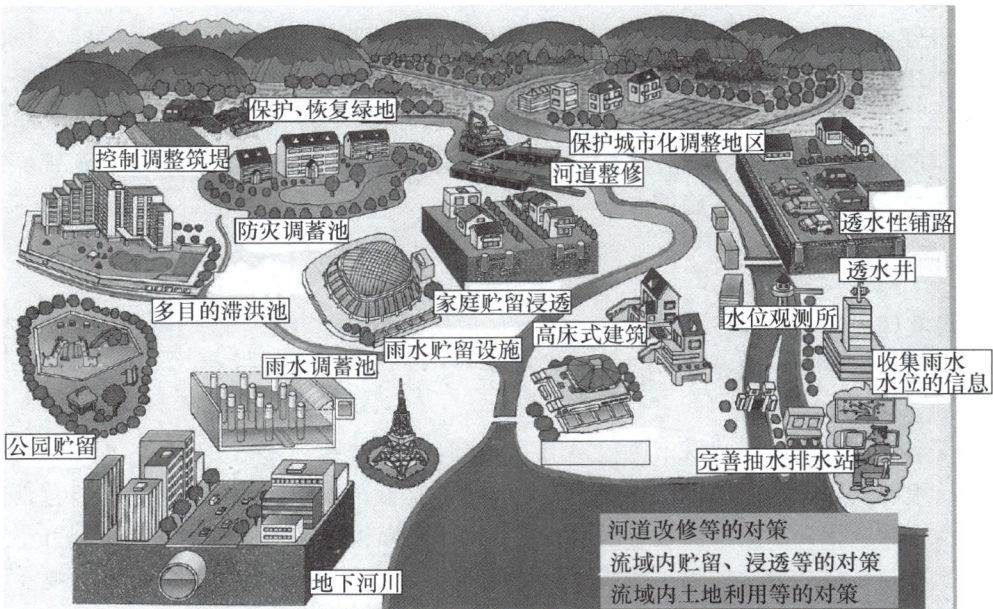

图 1-19　日本雨水贮留渗透计划示意图

日本注重雨水调蓄设施的多功能应用，其雨水利用的具体技术措施包括：降低操场、绿地、公园、花坛、楼间空地的地面高程；在停车场、广场铺设透水路面或碎石路面并建设渗水井，加速雨水渗流；在运动场下修建大型地下水库，并利用高层建筑的地下室作为

15

水库调蓄雨洪；在东京、大阪等特大城市建设地下河，并将低洼地区雨水导入其中；在城市上游修建分洪水路；在城市河道狭窄处修筑旁通水道；在低洼处建设大型泵站排水等。其中，最具特色的技术手段是建设雨水调节池，在传统、功能单一的雨水调节池的基础上发展了多功能调蓄设施，具有设计标准高、规模大、效益投资高的特点。在非雨季或没有大暴雨时，多功能调蓄设施还可以全部或部分地发挥城市景观、公园、绿地、停车场、运动场、市民休闲集会和娱乐场所等多种功能。

基于以上，中国工程院院士、中国水利水电科学研究院水资源研究所所长王浩分析认为，发达国家人口少，一般土地开发强度较低，绿化率较高，在场地源头有充足空间来消纳场地开发后径流的增量。而我国大多数城市土地开发强度大，仅在场地采用分散式源头削减措施，难以维持开发前后径流总量和峰值流量等基本不变，所以必须借助中途、末端等综合措施，从平面拦截到立体拦截，"变平地为凹凸不平地"，同时根据城市特点，为50年一遇或100年一遇洪水预留出路。应当借鉴国外成熟的经验和成果，结合我国基本国情，为我国海绵城市建设提供思路，制定具有中国特色的技术路线和措施。

1.3.2 国内海绵城市建设

在海绵城市建设理念得到广泛宣传之前，中国大部分城市采用传统的快排模式，仅通过雨水管渠系统进行排水。然而，越来越多的排水设施并没有解决中国的内涝问题，反而带来频发的城市内涝事件，究其原因，大多是设计依据简单、管理粗糙、难以适应中国快速城镇化的发展。

2013年3月，国务院发布了《关于做好城市排水防涝设施建设工作的通知》，提出推行低影响开发建设模式，自此低影响开发建设模式开始进入国家层面的关注视野。从2013年12月习近平总书记在中央城镇化工作会议的讲话中将"海绵城市"的要求明确提出至今，来自中央的政策、资金、技术方面的支持力度空前强大，短短几年，海绵城市建设迅速进入一个全面建设实施的时期。

【创新案例】

目前我国海绵城市建设实践如火如荼，如重庆嘉悦江庭小区、浙江金华燕尾洲公园、深圳光明凤凰城绿环、黑龙江群力雨水公园等。

1. 重庆嘉悦江庭小区

重庆嘉悦江庭小区海绵城市工程采用了"渗""滞""蓄""净""用"五大措施，对雨水进行有组织的管理控制。遵从"源头控制，中途拦截，末端处理"的理念进行建设，通过植草沟、绿色屋顶、透水铺装、雨水花园、雨水调蓄池等多项海绵措施有效提升小区对雨水的积存与蓄滞能力，达到了海绵小区的建设标准，如图1-20所示。重庆嘉悦江庭小区海绵城市构建策略为：

（1）顺应小区地形地势，构建雨水回用体系。
（2）结合小区实际，选择可移动式模块化屋顶绿化。
（3）优化原有绿地为下沉式绿地。
（4）与周边地块海绵城市建设进行通盘考虑，增强海绵城市建设的整体性和系统性。

图 1-20　重庆嘉悦江庭小区海绵城市现状

2. 浙江金华燕尾洲公园

该项目通过一个实验性工程，探索了如何沟通设计，实现景观的生态、社会和文化的弹性。设计策略包括保留自然与生态修复的适应性设计，与水为友的弹性设计，连接城市与自然、历史、未来的弹性步骤，动感流线编织的弹性体验空间。

该项目重点探索了如何与洪水为友，建立适应性防洪堤、适应性植被和100%透水铺装的设计，以此来实现景观的生态弹性；建立适应多方向人流的步行和桥梁系统，形成社区纽带。灵动的流线设计语言，将场地上的原有流线型建筑、季节性的水流和川流不息的人流有机地编织在一起，解决了瞬时人流和日常休闲空间的使用矛盾，创造了富有弹性的体验空间和社会交往空间，实现了景观的社会弹性；设计者从当地富有历史和文化意味的"板凳龙"传统舞龙习俗中获得灵感，设计了一条富有动感、与洪水相适应的步行桥，将被河流分割的两岸城市连接在一起，使河漫滩变成富有弹性的可使用景观，且富有诗意，将断裂的文脉连接起来，强化了地域文化的认同感和归属感，实现了景观的文化弹性。如图 1-21 所示。

图 1-21　浙江金华燕尾洲公园海绵城市现状

3. 深圳光明凤凰城绿环

深圳光明凤凰城绿环是深圳中部发展轴上的重要节点，该项目运用前瞻规划理念和综合城市开发的手法将光明新区的带状绿地、街区公园、区域公园、地铁站绿地、高铁站绿地 5 种绿地连接在一起，形成了一个生态复合绿环，如图 1-22 所示。

该项目以"EOD＋DEEP ＝ park is the way home"（EOD 是指 Ecology-Oriented Development，即生态向导发展模式；DEEP 是指 Design＋Ecology＋Economic＋Planning）

为规划设计理念，构建了一个相对完整的海绵城市生态网络体系，包括：

（1）生态草沟＋生态河道＝一条线性生态廊道串联的海绵DNA。

（2）绿色屋顶＋雨水花园＝数个兼具生态脚踏石功能的海绵细胞体。

（3）一条线性生态廊道串联的海绵DNA＋数个兼具生态脚踏石功能的海绵细胞体＝海绵城市生态网络。

图1-22　深圳光明凤凰城绿环海绵城市

4. 黑龙江群力雨水公园——中国第一个"雨水花园"

黑龙江群力雨水公园位于我国东北哈尔滨群力新区，公园占地面积为34hm²，是城市的一个绿心。场地原为湿地，但由于周边的道路建设和高密度城市的发展，该湿地面临水源枯竭、湿地退化、消失的危险。设计师将面临消失的湿地转化为雨洪公园，一方面解决新区雨洪的排放和滞留，使城市免受涝灾威胁，另一方面，利用城市雨洪，恢复湿地系统，营造出具有多种生态服务的城市生态基础设施。实践证明，设计获得了巨大成功，实现了设计的目标。设计策略是保留场地中部的大部分区域作为自然演替区，沿四周通过挖填方的平衡技术，创造出一系列深浅不一的水坑和高低不同的土丘，成为一条蓝绿项链，形成自然与城市之间的一层过滤膜和体验界面。沿湿地四周布置雨水进水管，收集城市雨水，使其流经水泡系统，经沉淀和过滤后进入核心区的自然湿地山丘上的密植白桦林，水泡系统中为乡土水生和湿生植物群落。高架栈桥连接山丘，步道网络穿越于丘陵。水泡系统中设临水平台，丘陵上有观光亭塔之类，创造丰富多样的体验空间。

建成的公园，不但为防治城市涝灾作出了贡献，而且为新区城市居民提供优美的游憩场所和多种生态体验。同时，昔日的湿地得到了恢复和改善，并已成为国家城市湿地。该项目成为城市生态设计、城市雨洪管理和景观城市主义设计的优秀典范，如图1-23所示。

图1-23　黑龙江群力雨水公园海绵城市

【创新思考与创新实践】

1. 创新是每一个大学生所具备的一种潜在能力，这种潜在能力能否被挖掘、开发出来，从而使一个普通人跃升为一个创新者，关键取决于其是否具有一个创新者应该具备的素质。请思考：创新者应具备什么样的素质？

2. 榜样力量

2. 与美国提出的 LID、英国提出的 SUDS、澳大利亚提出的 WUSD 相比，中国的海绵城市是内涵最为丰富的一个概念，涵盖以上所有内容。但是，发达国家人口少，一般土地开发强度较低，绿化率较高，在场地源头有充足空间来消纳场地开发后径流的增量。而我国大多数城市土地开发强度大，仅在场地采用分散式源头削减措施，难以维持开发前后径流总量和峰值流量等基本不变，所以必须根据实际情况创新性地提出解决方案。比如，除了场地源头还可借助中途、末端等综合措施，比如从平面拦截到立体拦截，"变平地为凹凸不平地"，同时根据城市特点，为 50 年一遇或 100 年一遇洪水预留出路。这些都是我们应当思考的问题。

根据本模块所学内容，利用假期对所生活的城市进行调研，根据调研数据，结合海绵城市建设的方法，提出改进方案。

3. 创新创业小故事

学生综合学习评价表

评价维度	评价项目	评价指标	学生自评	同伴互评	教师评价
知识	基础性知识	1. 掌握基本概念，如海绵城市、雨洪管理			
		2. 掌握城市"海绵体"的构成要素			
		3. 掌握建设海绵城市的意义及方法			
	方法性知识	1. 学会从不同渠道搜集信息并整理			
		2. 主动学习并掌握与本模块内容相关的新概念、新名词			
	创新性知识	1. 了解目前国内外建设海绵城市的技术			
		2. 提出建设海绵城市的其他有效措施			
		3. 提出海绵城市运营过程中可能会出现的问题及应对措施			
能力	语言表达	回答问题言简意赅、有理有据、论证信息正确且充足			
	搜集整理	搜集到足够的学习资料，并提取精华			
	创新思维	能提出独特的观点，主动发现新问题，提出新想法			
综合	自我反思				
	教师评语				

课后习题

1. 海绵城市的概念是什么？

2. 海绵城市建设的基本思路和方法是什么？

3. 举例说明，国外海绵城市建设对我国的启示。

模块 2　综合管廊

模块导读

随着社会的发展，我国城市基础设施建设进入快速发展阶段，传统市政管线铺设以及维护需要反复开挖道路，对周边的交通以及居民生活造成了较大影响，也给管线的管理带来了严峻考验。为解决城市发展难题，实现城市可持续发展，综合管廊应运而生。

知识目标

了解综合管廊的基本概念、发展历史、功能和特点；熟悉综合管廊的施工方法；熟悉综合管廊中各种管线（如电力、通信、供水等）的布置和连接方式；探索综合管廊的运维管理及安全监测等相关知识。

能力目标

具备综合管廊施工的能力；具备综合管廊项目管理和协调的能力；能够运用创新的思维和方法去分析和解决综合管廊施工中遇到的相关问题。

素质目标

培养安全意识和责任感；培养团队合作精神和沟通能力；培养创新思维和解决问题能力；培养持续学习和适应变化的能力。

2.1 综合管廊基本概念

综合管廊，即在城市地下建造一个隧道空间，将电力、通信、燃气、供热、给水排水等各种城市管线集中布置，管廊设有专门的检修口、吊装口和监测系统，实施统一规划、统一设计、统一建设和管理，如图2-1所示。综合管廊是保障城市运行的重要基础设施和"生命线"。

图2-1 综合管廊

综合管廊作为一种集约化的市政基础设施，社会效益突出。一是有效改善城市交通问题，解决因管道建设和管道事故引起的反复开挖路面和交通堵塞问题；二是提升了城市整体形象、美化城市景观，减少"空中蜘蛛网"和"地上马路拉链"的脏乱现象；三是有利于促进城市空间集约化、高效化利用，缓和城市发展与土地资源紧缺之间的矛盾，提高土地利用效率和增加土地升值空间；四是减少城市公共资源浪费，避免因城市道路反复开挖带来的各种经济损失以及环境污染和资源浪费；五是提升管线安全水平和防灾减灾功能，保障城市安全。

2.2 综合管廊发展历史

2.2.1 国外综合管廊的发展历史

1833年，世界上第一条地下综合管廊"诞生"在法国巴黎，管廊内有自来水管、通信管道、压缩空气管道、交通信号电缆和排水管渠等管线。如今巴黎已经建成总长度约100km、系统较为完善的地下综合管廊网络。

英国于1861年在伦敦市区兴建综合管廊，采用12m×7.6m的半圆形断面，收容自来水管、污水管、瓦斯管、电力缆线和电信缆线，同时还敷设了连接用户的供给管线，迄今为止，伦敦市区建设综合管廊已超过 22 条。

1893 年，德国在汉堡市的 Kaiser-Wilheim 街的两侧人行道下方兴建了 450m 的综合管廊，收容暖气管、自来水管、电力电信缆线及煤气管，但不含下水道。

1926 年，日本开始建设地下综合管廊，到 1992 年，日本已经拥有地下综合管廊长度约 310km，而且在不断增长过程中。

2.2.2　国内综合管廊的发展历史

北京早在 1958 年就在天安门广场下铺设了 1000 多米的综合管廊。1994 年，上海市政府规划建设了大陆第一条规模最大、距离最长的综合管廊——浦东新区张杨路综合管廊。该综合管廊全长 11.125km，收容了给水、电力、信息与煤气等城市管线。

我国的城市综合管廊建设，从 1958 年北京市天安门广场下的第一条管廊开始，大致经历了五个发展阶段：

（1）概念阶段（1958～1978 年）：国外关于管廊的先进经验传到中国，但由于诸多因素，城市基础设施的发展停滞不前。几个大城市的市政设计单位只能在消化国外已有的设计成果的同时摸索着完成设计工作，个别地区（如北京、上海）做了部分试验段。

（2）争议阶段（1978～2000 年）：随着改革开放的逐步推进和城市化进程的加快，城市的基础设施建设逐步完善，但是由于局部利益和全局利益的冲突以及个别部门的阻挠，尽管众多知名专家呼吁，综合管线的建设仍是极其困难。在此期间，一些发达地区开始尝试建设综合管线，进行了一些综合管廊项目，有些项目初具规模且正规运营起来。

（3）快速发展阶段（2000～2010 年）：伴随着当今城市经济建设的快速发展以及城市人口的膨胀，为适应城市发展和建设的需要，结合前一阶段消化的知识和积累的经验，我国的科技工作者和专业技术人员针对综合管线技术进行了大量理论研究和实践工作，完成了一大批大中城市的城市综合管线规划设计和建设工作。

（4）全面应用阶段（2011～2017 年）：由于政府的强力推动，在住房和城乡建设部做了大量调研工作的基础上，国务院连续发布了一系列的法规，鼓励和提倡社会资本参与到城市基础设施特别是综合管廊的建设上来，我国的综合管廊建设开始呈现蓬勃发展的趋势，大大拉动了国民经济的发展。从综合管廊建设规模和建设水平来看，我国已经超越了欧美发达国家，成为综合管廊的超级大国。

（5）有序推进阶段（2018 年以后）：我国综合管廊的建设进入有序推进阶段，国家要求各个城市根据当地的实际情况编制更加合理的管廊规划，制定切实可行的建设计划，有序推进综合管廊的建设。

2.3　综合管廊分类

综合管廊根据管廊敷设管线可分为干线综合管廊、支线综合管廊、电缆沟三种，如图 2-2 所示；按照管廊的施工方法可分为暗挖式综合管廊、明挖式综合管廊、预制拼装综合管廊；按照断面形式可分为矩形、圆形、半圆形和拱形综合管廊，目前规划建设的综合管廊以矩形断面居多；根据舱位数量可以分为单舱综合管廊、双舱综合管廊及多舱综合管廊。

图 2-2　不同敷设管线的综合管廊

2.3.1　干线综合管廊

干线综合管廊一般设置于城市道路中央机动车道或道路绿化带下，避免道路开挖施工时影响交通。干线综合管廊负责向支线综合管廊提供配送服务，主要收容的管线为通信、有线电视、电力、燃气、自来水等，也有的干线综合管廊将雨、污水系统纳入，如图 2-3 所示。

其特点为结构断面尺寸大、覆土深、系统稳定且输送量大；具有极高的安全性；兼顾或直接供给到稳定使用的大型用户；一般需要专用的设备，维修及检测要求高；管理及运营较为简单。

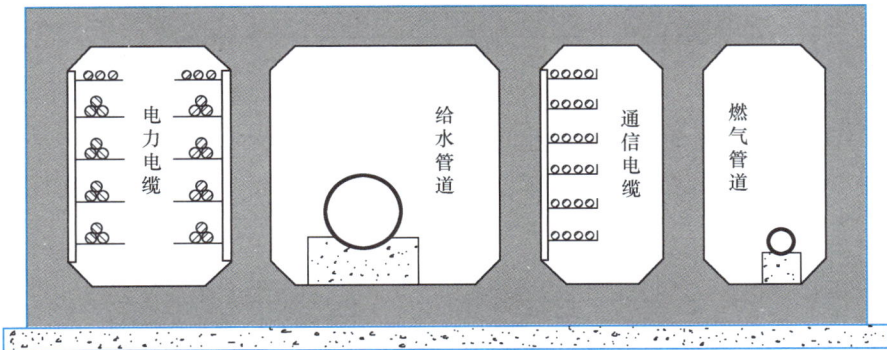

图 2-3　干线综合管廊

2.3.2　支线综合管廊

支线综合管廊是指干线综合管廊和终端用户之间联系的通道，一般设于道路绿化带下、道路两侧的人行道或非机动车道下，主要收容的管线为通信、有线电视、电力、燃气及自来水等直接服务的管线，如图 2-4 所示。支线综合管廊的主要目的是防止人行道的挖掘或消除人行道上方架空电线或电杆，达到道路无杆化的目标。

支线综合管廊的结构断面以矩形居多，一般为单舱或双舱。支线综合管廊的主要特点为有效断面较小；结构简单、施工方便；设备多为常用定型设备；施工费用较少，系统稳定性和安全性较高；一般不直接服务大型用户。

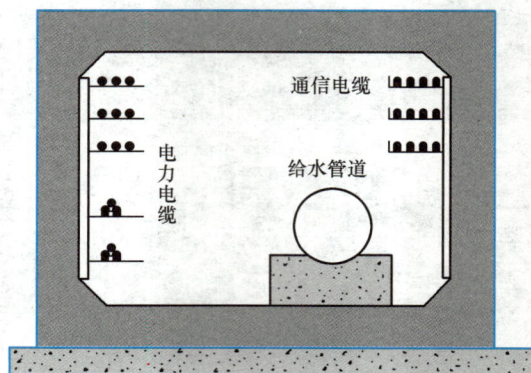

图 2-4　支线综合管廊

2.3.3　电缆沟（缆线综合管廊）

电缆沟主要负责将市区架空的电力、通信、有线电视及道路照明等电缆收容至埋地的管道，直接供应终端用户，因此其设置目的与支线综合管廊相同。电缆沟一般设置在城市道路两侧非机动车道或人行道下，其埋深较浅，一般在 1.5m 左右，电缆沟结构如图 2-5 所示。

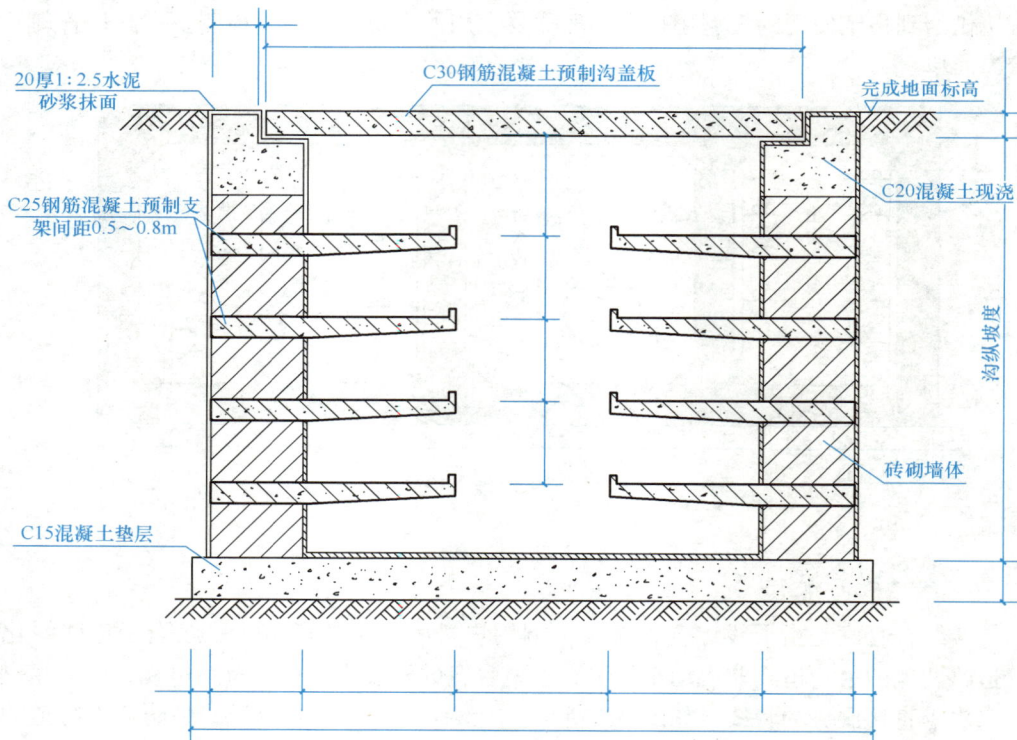

图 2-5　电缆沟结构

其主要特点为节约地下空间，经济性最强；结构简单，施工方便；内部空间较小，容纳管线较少；管廊盖板容易被打开，管理难度较大。

综合管廊的断面形状应根据容纳的管线种类、数量和施工方法综合确定。采用明挖现浇施工时宜采用矩形断面；采用明挖预制装配施工时宜采用矩形断面或圆形断面；采用非开挖技术时宜采用圆形断面、马蹄形断面。

综合管廊内部净宽应根据容纳的管线种类、数量、管线运输、安装、维护及检修等要求综合确定。干线综合管廊的内部净高不宜小于2.1m；支线综合管廊的内部净高不宜小于1.9m。

综合管廊根据断面的舱位数量可分为单舱综合管廊、双舱综合管廊及多舱综合管廊，不同断面的综合管廊如图2-6所示。

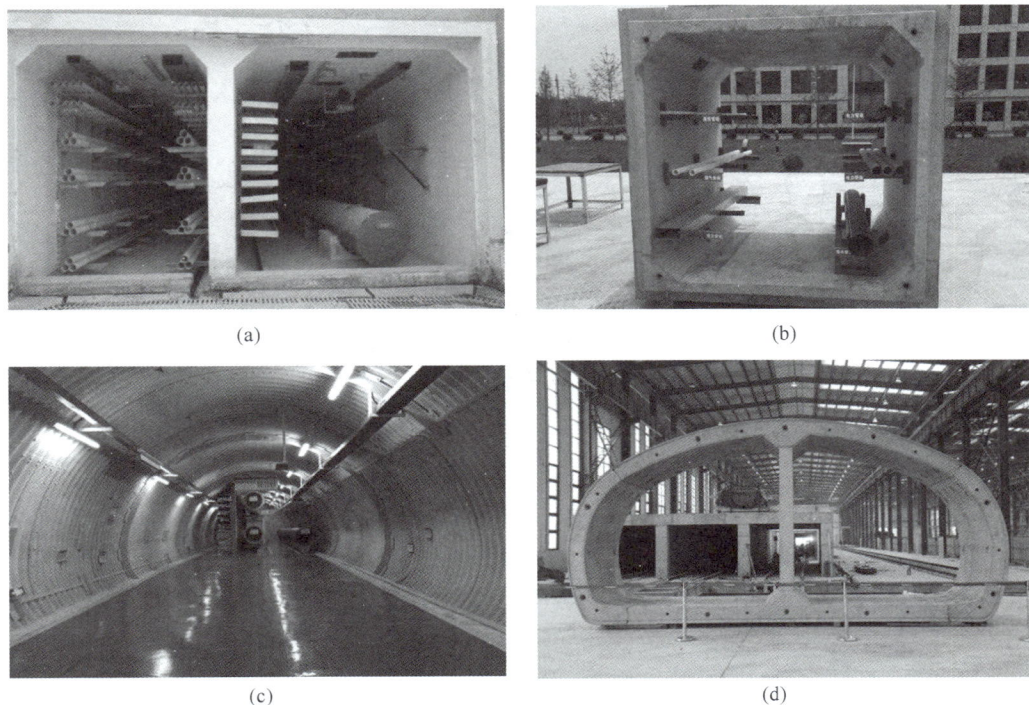

图2-6 不同断面的综合管廊

（a）双舱矩形管廊；（b）单舱矩形管廊；（c）单舱圆形管廊；（d）双舱马蹄形管廊

2.4 综合管廊施工

综合管廊的施工大体包括基坑施工、主体结构施工以及防水工程施工等。由于综合管廊的埋深不大，通常为2~2.5m，国内已有成熟的施工经验及相关的施工控制标准。根据施工方法的不同，一般可将综合管廊分为明挖现浇式、明挖预制装配式和非开挖式综合管廊。

2.4.1 基坑施工

1. 基坑开挖

（1）明挖法

利用放坡或支护结构处理边坡，在地表进行基坑的土方开挖，如图 2-7、图 2-8 所示。该方法工艺简单、施工方便，但工程造价相对较高，工期长。适用于城市新建区的管网建设。

图 2-7　放坡明挖法

图 2-8　支护结构支撑明挖法

（2）顶管法

顶管法是当管廊穿越铁路、道路、河流或建筑物等障碍物时，采用的一种暗挖式的施工方法。在施工中，通过传力顶铁和导向轨道，用支撑于基坑后座上的液压千斤顶将管线水平压入土层中，同时挖除并运走管正面的泥土。该方法无需明挖土方，对地面影响小，设备少、工艺简单、工期短、造价低、速度快，但管线变向能力差，纠偏困难。适用于软土或富水软土层的中型管道施工，顶管法示意图如图 2-9 所示，案例如图 2-10 所示。

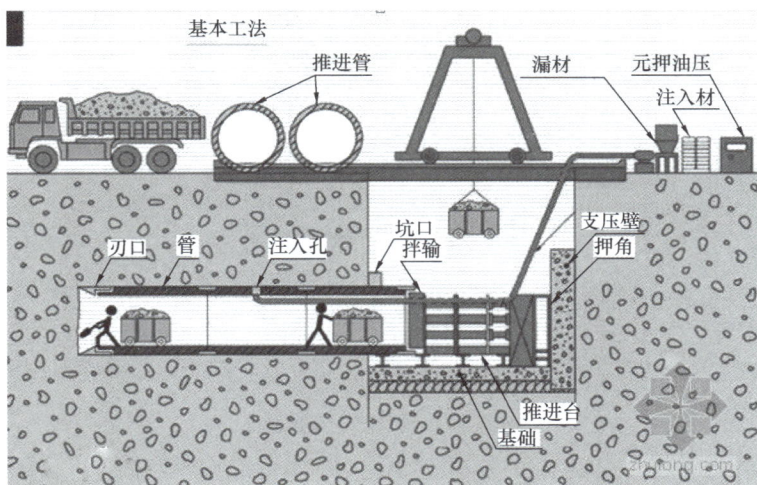

图 2-9　顶管法示意图

图 2-10　顶管法案例

（3）盾构法

盾构法是指使用盾构机在地下掘进，在开挖面前方用刀盘进行土体开挖，并用出土机械将土运出洞外，同时在盾构机后方拼装预制混凝土管片完成衬砌作业，防止发生隧道内坍塌。这种方法常见于地铁施工，适用于城市内大型管廊的施工，盾构法示意图如图 2-11 所示，案例如图 2-12 所示。

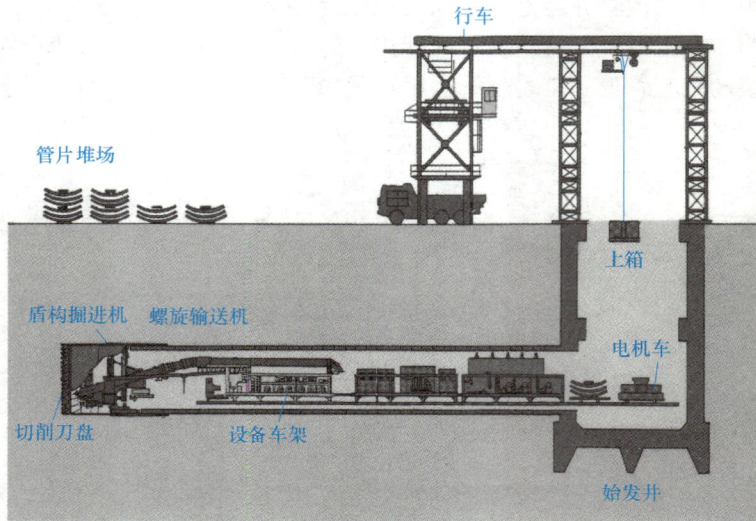

图 2-11 盾构法示意图

图 2-12 盾构法案例

（4）浅埋暗挖法

浅埋暗挖法，是指在软弱围岩地层中，通过预支护改造地质条件，边开挖边支护的施工方法。该方法必须遵守"管超前、严注浆、短开挖、强支护、快封闭、勤测量"的十八字原则。该方法不允许带水作业且要求开挖面具有一定的自稳性和自立性。

浅埋暗挖法中的支护有两个阶段，即预支护和开挖后支护。

预支护的方法有大管棚预支护和小导管注浆预支护两种方式，如图 2-13、图 2-14 所示。大管棚预支护的原理是：沿前沿开挖工作面的上半断面周边打入大直径厚壁钢管，在地层中构筑出临时承载棚防护，钢管壁厚以 10～30mm、管径以 80～180mm 为宜。小导管注浆预支护的原理是：沿着要开挖的土体轮廓线外围向前钻眼，在眼中插入小导管，通过小导管注浆加固即将开挖的土体，加固一段开挖一段。

图 2-13　大管棚预支护

图 2-14　小导管注浆预支护

开挖后支护的方法有钢筋网片喷射混凝土支护以及土层锚杆喷射混凝土支护等，钢筋网片喷射混凝土支护如图 2-15所示。

2. 基坑回填

基坑回填应在综合管廊主体结构及防水工程施工完成并验收合格后及时进行。回填材料应符合设计要求或有关规范规定。综合管廊两侧回填应对称、分层、均匀。管廊顶板上部 1m 范围内回填材料应采用人工分层夯实，禁止大型碾压机直接在管廊顶板上部施工。综合管廊回填土压实度应符合设计要求，设计无要求时，应符合表 2-1 的规定。

图 2-15　钢筋网片喷射混凝土支护

综合管廊回填土压实度　　　　　　　　　　　　　　　表 2-1

	检查项目	压实度（%）	检查频率		检查方法
			范围	组数	
1	绿化带下	≥90	管廊两侧回填土按 50 延米/层	1（三点）	环刀法
2	人行道、机动车道下	≥95		1（三点）	环刀法

2.4.2　主体结构施工

1. 现浇混凝土结构施工

（1）钢筋工程

钢筋进场必须验收合格后方可使用，钢筋安装时保护层垫块的数量和间距必须得到保证。

（2）模板工程

模板支架搭设应编制专项安全施工方案，经相关人员审批签字后方可实施。模板的缝隙应严密，减少漏浆。穿墙螺杆的中部必须设置止水环。

（3）混凝土工程

除变形缝外，一般不得在纵向留设竖向施工缝。管廊一般分两次浇筑，先浇筑底板，再浇筑墙壁和顶板。

2. 预制拼装结构施工

（1）混凝土垫层施工

混凝土垫层的标高必须得到严格控制，使其能够确保管廊按照设计标高就位。垫层混凝土的养护达到规定时间后才能够开始吊装。

（2）准备工作

在运输安装的过程中要保护好管廊的棱角等部位，以免碰撞损坏。

管廊安装前，检查其混凝土强度是否符合设计要求，吊装时不能低于设计强度的90％；检查外观尺寸是否精确、是否有裂缝，如果裂缝超过 0.2mm 应禁止直接安装。

在混凝土垫层上面弹出施工的中心线，根据中心线及施工具体尺寸，弹出每节管廊的安装控制线。

管廊与吊带或者钢丝绳接触的棱角部位采用护垫保护。

（3）管廊安装

安装时必须保证管廊的底面和混凝土垫层面 100％接触，如果有空隙或者高低不平整，可用干拌砂浆充实并找平。第一节管廊的安装位置严格按照管廊控制线进行摆放，尽量减少其误差。管廊顶面用水准仪检测，保证每节箱涵达到设计高程的要求；相邻管廊的侧面高差误差要控制。所有预制管廊对接完成后路线要顺畅平直，没有明显的折线或凸凹现象。安装完成后，吊装孔应采用高强度等级膨胀混凝土封闭。

管廊就位的方法有吊车安装和专用安装车安装两种。吊车吊装是指利用各种起重机械，将管廊构件吊装就位，如图 2-16、图 2-17 所示。

图 2-16　整体式管廊吊装

专用安装车安装，是利用专用的安装车，将管廊从堆放地点运送至安装点并就位，如图 2-18、图 2-19 所示。

（4）拼装缝防水施工

预制结构拼装缝防水必须边安装边实施，采用弹性密封原理，以预制成型弹性密封垫为主要防水措施，并保证弹性密封垫的界面应力满足限值要求，弹性密封垫的界面应力不应低于 1.5MPa。拼装缝弹性密封垫应沿环、纵面兜绕成框形。沟槽形式、截面尺寸应与弹性密封垫的形式和尺寸相匹配，如图 2-20 所示。

图 2-17　分体式管廊吊装

图 2-18　专用安装车安装整体式管廊

（5）预制管廊的连接

预制管廊的连接方式包括螺栓连接、承插连接、预应力连接三种。

预制管廊螺栓连接，是在管廊的两端分别预留螺栓孔，安装就位后，在预留螺栓孔内插入螺栓并拧紧完成螺栓连接，如图 2-21 所示。

预制管廊承插连接，是将管廊的两端分别做成不同的接口形式，即一端是承口、一端是插口。连接时，将插口插入承口内，并辅以柔性的防水密封胶圈，就完成了承插式连接，如图 2-22 所示。

图 2-19　专用安装车安装分体式管廊

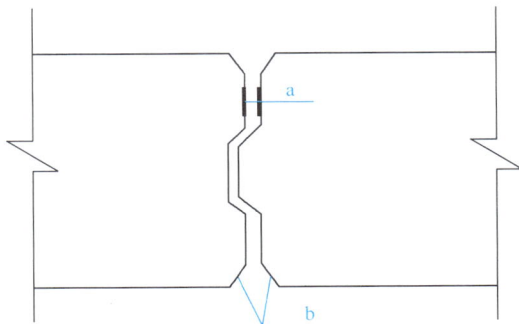

图 2-20　拼装缝接头防水构造

a—弹性密封垫材；b—嵌缝槽

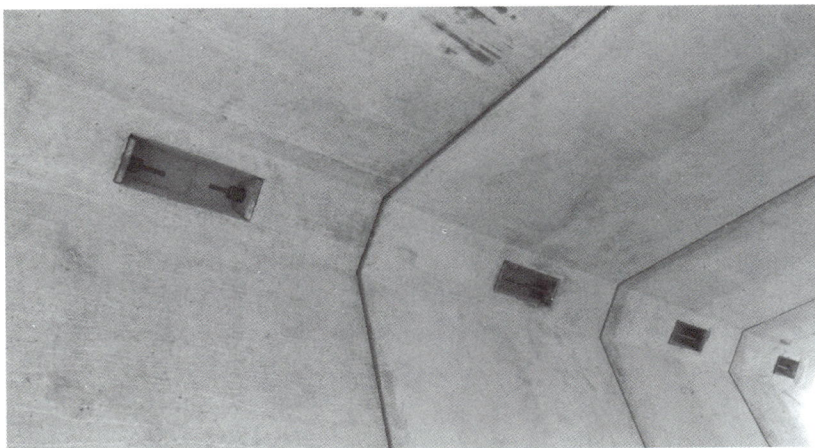

图 2-21　预制管廊螺栓连接

图 2-22　预制管廊承插连接

　　预制管廊预应力连接，是在每节预制管廊的四角都预留孔洞，一段管廊安装就位后，在预留孔洞内插入预应力钢绞线，然后张拉、锚固钢绞线，最后在孔洞内灌浆，如图2-23所示。预应力连接可以将若干个管廊连接为一个整体，与上述两种只能连接相邻管廊的连接方式相比，其连接的整体性更好。

图 2-23　预制管廊预应力连接

2.4.3　防水工程施工

　　虽然综合管廊相对于公路隧道和地铁隧道而言埋深较浅，结构断面较小，施工工法较为成熟，但是其防水的重要性却有增无减。综合管廊结构的渗水会引起钢筋锈蚀、混凝土碳化，导致结构的耐久性降低、管线受到腐蚀，特别是对于电力电缆等缆线而言，具有巨大的安全隐患。

1. 整体防水

整体防水采用混凝土结构自防水与附加防水层防水相结合的方式。

自防水混凝土的水泥宜选用硅酸盐水泥、普通硅酸盐水泥，在侵蚀性介质作用下，应按侵蚀性介质的性质选用相应的水泥品种。自防水混凝土的砂、石应选用坚硬、抗风化性强、洁净的级配石子和中粗砂，用于拌制混凝土的水，应符合现行行业标准《混凝土用水标准》JGJ 63—2016 的有关规定。混凝土可根据工程需要掺入减水剂、膨胀剂、防水剂、密实剂、引气剂、复合型外加剂及水泥基渗透结晶型材料，其品种和用量应经试验确定。防水混凝土中各类材料的总碱量不得大于 $3kg/m^3$；氯离子含量不应超过胶凝材料总量的 0.1%。

附加防水层有卷材防水和涂膜防水两种方式，其施工方法应遵循对应的施工规范。

2. 现浇混凝土结构施工缝及变形缝防水

施工缝是防水的薄弱部位，应按照设计要求做好接缝处的止水钢板或膨胀胶条，其防水施工示意图如图 2-24 所示。变形缝的防水一般由橡胶止水带、填缝材料和嵌缝材料等构成，其防水施工示意图如图 2-24～图 2-27 所示。

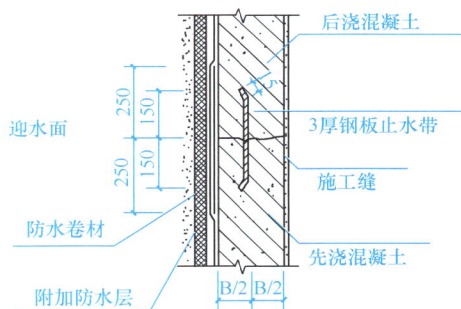

图 2-24　施工缝防水施工示意图（单位：mm）

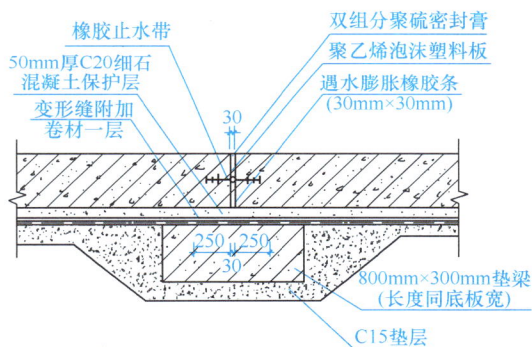

图 2-25　底板变形缝防水施工示意图（单位：mm）

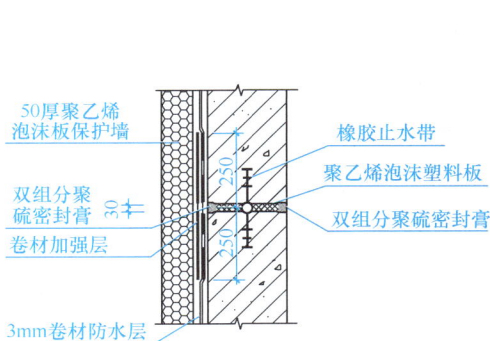

图 2-26　侧墙变形缝防水施工示意图
（单位：mm）

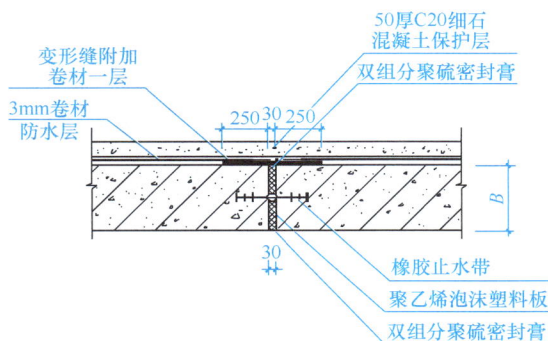

图 2-27　顶板变形缝防水施工示意图
（单位：mm）

3. 管线穿墙处防水

管线出管廊处，应设置预留孔，预留孔处应预先留设套管。穿墙套管防水施工示意图如图 2-28 所示，管线穿入套管后，还应在管线与套管间填充密封材料。如图 2-29 所示为穿墙防水套管案例。

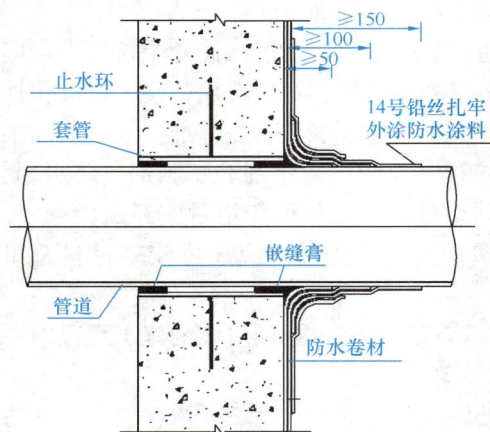

图 2-28 穿墙套管防水施工示意图（单位：mm）

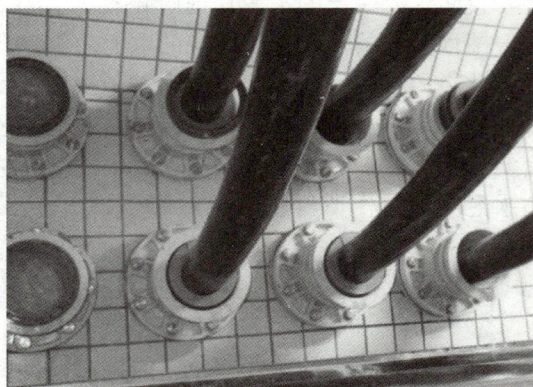

图 2-29 穿墙防水套管案例

【创新案例】

珠海横琴综合管廊：智慧城市大动脉

横琴城市地下综合管廊工程获得了中国建筑工程质量最高荣誉奖——鲁班奖，成为全国第一个获得此奖项的城市地下综合管廊，如图 2-30 所示。横琴新区建设了国内已竣工里程最长、施工最复杂、纳入管线种类最多、智能化控制最高、服务范围最广的城市地下综合管廊，打造城市地下良心工程，为解决城市马路拉链、空中蜘蛛网、垃圾围城的"城市之痛"开具"良方"。

图 2-30 珠海横琴综合管廊

横琴新区综合管廊在形式上分三舱、两舱及单舱三种。纳入综合管廊的管线有 6 种，已经实施的有 220kV 电力电缆、通信管、冷凝水管、给水管，远期预留中水管、垃圾真空管，能满足横琴未来 100 年城市地下公共管线的需求。

横琴综合管廊工程区大部分属于海漫滩地貌（Ⅱ区），地下淤泥深厚，在工程建设中工程的基础处理及开挖、支护是决定工程成败的重要因素。为破解这一难题，专家与设计方、监理方多次进行深入探讨，在施工过程中采用开槽施工预应力混凝土管桩基础，管廊下方打下的管桩平均深度为 25m，最深处 40m，管廊平均埋深约 6m，局部埋深达到 8～13m。根据地质条件、基坑开挖深度及周边环境条件不同，采用水泥搅拌桩、预应力高强混凝土管桩、混凝土灌注桩、旋喷桩、钢板桩等多种基坑支护形式，保证了施工质量和施工进度。同时，为了实现国际化、超前的规划设计理念，建设者大胆进行创新，多规合一。

2.5 综合管廊的发展展望

2.5.1 综合管廊的市场发展展望

2022 年 7 月，住房和城乡建设部、国家发展和改革委员会联合发布《"十四五"全国城市基础设施建设规划》，文件要求：因地制宜推进地下综合管廊系统建设，提高管线建设体系化水平和安全运行保障能力，在城市老旧管网改造等工作中协同推进综合管廊建设。在城市新区根据功能需求积极发展干、支线管廊，合理布局管廊系统，加强市政基础设施体系化建设，促进城市地下设施之间竖向分层布局、横向紧密衔接。

"十四五"时期是管廊运营管理的关键期，各种运营问题会涌现。管廊项目公司要处理好政府、管线单位、施工单位与市民等的复杂关系，充分搭建智慧管理平台，加强智能收费管理。

多项关于未来地下市政基础设施建设的文件中都提出了"数字化、智能化"的要求。例如，2021 年住房和城乡建设部发布的《关于加强城市地下市政基础设施建设的指导意见》中要求：运用第五代移动通信技术、物联网、人工智能、大数据、云计算等技术，提升城市地下市政基础设施数字化、智能化水平。有条件的城市可以搭建供水、排水、燃气、热力等设施感知网络，建设地面塌陷隐患监测感知系统，实时掌握设施运行状况，实现对地下市政基础设施的安全监测与预警。充分挖掘利用数据资源，提高设施运行效率和服务水平，辅助优化设施规划建设管理。

2.5.2 综合管廊的技术发展展望

综合管廊与地下空间建设相结合。城市地下综合管廊的建设不可避免会遇到各种类型的地下空间，实际工程中经常会发生综合管廊与已建或规划的地下空间、轨道交通的矛盾，解决矛盾的难度、成本和风险通常很大。因此，必须从前期规划入手，将综合管廊与地下空间建设统筹考虑。

综合管廊与海绵城市建设技术相结合。将综合管廊的设计与海绵城市技术措施相结合，既满足综合管廊的总体功能，又能提高排水防涝标准，提升城市应对洪涝灾害的能力。

"BIM＋GIS"技术在综合管廊建设中的应用。采用"BIM＋GIS"三维数字化技术，将现状地下管线、建筑物及周边环境进行三维数字化建模，形成动态大数据平台。在此基础上，将综合管廊、管线及道路等建设信息输入，以指导综合管廊的设计、施工和后期运营管理，有效提高综合管廊工程的建设和管理水平。

预制拼装及标准化、模块化。综合管廊预制拼装技术是国际综合管廊发展趋势之一，这个技术可以大幅降低施工成本，提高施工质量，节约施工工期。综合管廊的标准化、模块化设计是推广预制拼装技术的重要前提之一。

4. 榜样力量

【创新思考与创新实践】

请通过网络资源或查阅文献等方式，详细学习开槽施工预应力混凝土管桩基础在珠海横琴地下综合管廊工程中的运用，学习开槽施工预应力混凝土管桩基础的基本原理、施工方法、材料选用等相关知识。调研相关领域的新材料、新技术或新方法，探索综合管廊领域可能的创新突破方向，思考如何改进开槽施工方法、应用新材料或技术来提高施工效率、减少成本、增加结构强度等。

5. 创新创业
小故事

学生综合学习评价表

评价维度	评价项目	评价指标	学生自评	同伴互评	教师评价
知识	基础性知识	1. 掌握基本概念，如综合管廊			
		2. 掌握综合管廊的分类及特点			
		3. 掌握综合管廊的施工工艺			
	方法性知识	1. 学会从不同渠道搜集信息并整理			
		2. 主动学习并掌握与本模块内容相关的新概念、新名词			
	创新性知识	1. 了解国内外综合管廊的新技术			
		2. 提出综合管廊面临的困难及解决方案			
		3. 回答综合管廊未来可以在哪些方面进行创新突破			
能力	语言表达	回答问题言简意赅，有理有据，论证信息正确且充足			
	搜集整理	搜集到足够的学习资料，并提取精华			
	创新思维	能提出独特的观点，主动发现新问题，提出新想法			
综合	自我反思				
	教师评语				

课后习题

1. 什么是综合管廊？

2. 综合管廊的断面形式有哪些？

3. 为什么要建设综合管廊？

4. 综合管廊的土方开挖方法有哪些？

5. 综合管廊的防水施工需要注意什么？

6. 预制综合管廊的安装方法有哪些？

模块 3 城市轨道交通

模块导读

　　人类社会发展到近代出现了工业化、市场化和城市化三大趋势，通过三者完美的结合，人类踏上了通向文明发展的大道。三者当中，城市化最具有时代意义，它是社会经济发展的重要标志。可以说，没有城市化，便没有现代化，城市化正成为当今世界发展的重要趋势。在城市化的历程中，不同规模与发展阶段的城市产生了不同的交通需求，需要通过相应的运输工具及技术装备水平来满足。从各国城市化发展的经验来看，轨道交通以其运量大、速度快的优势正在成为城市交通结构中不可缺少的组成部分，较好地解决了大、中城市交通日益增长的供需矛盾。同时，城市轨道交通的建设与发展，已成为衡量城市建设规模化和现代化程度的重要指标。

知识目标

　　了解城市轨道交通系统的组成部分；掌握城市轨道交通的特点；了解城市轨道交通的作用；了解城市轨道交通的基本施工工艺。

能力目标

　　能够分析和评估城市轨道交通系统的组成部分；具备对城市轨道交通特点进行综合分析和评价的能力；具备对城市轨道交通施工工艺的基本了解和理解。

素质目标

　　培养责任心和安全意识；提升服务意识和公共利益意识；培养创新思维和问题解决能力；培养持续学习和不断进取的精神。

3.1　城市轨道交通基本概述

我国《公共交通工程术语标准（征求意见稿）》将城市轨道交通定义为"采用专用物理轨道导向运行的城市公共交通系统"。目前，城市轨道交通由地铁、轻轨、单轨、有轨电车、城际轨道、磁悬浮列车、线性电机车辆系统和新交通系统等多种类型动力车辆组成，号称"城市交通的主动脉"。

3.1.1　地铁

地下铁道是由电气牵引、轮轨导向、车辆编组运行在全封闭的地下隧道内，或根据城市的具体条件运行在地面、高架线路上的大容量快速轨道交通系统，简称地铁，如图 3-1(a) 所示。

3.1.2　轻轨

国际公共交通联合会关于轻轨运输系统的解释文件中提到：轻轨铁路是一种使用电力牵引、介于标准有轨电车和快运交通系统（包括地铁和城市铁路）之间，用于城市旅客运输的轨道交通系统，如图 3-1(b) 所示。

(a)　　　　　　　　　　　　　　　(b)

图 3-1　地铁和轻轨

（a）地铁；（b）轻轨

6. 知识链接

3.1.3　单轨

单轨系统是指通过单一轨道梁支撑车厢并提供引导作用而运行的轨道交通系统，其最大特点是车体比承载轨道宽。根据支撑方式的不同，单轨一般分为跨座式单轨和悬挂式单轨两种类型。

3.1.4　有轨电车

有轨电车是使用电力牵引、轮轨导向、单辆或两辆编组运行在城市路面线路上的低运量轨道交通系统。

3.1.5 城际轨道

城际轨道是由电气或者内燃机车牵引、轮轨导向、车辆编组运行在城市及卫星城之间，以地面专用线路为主的大运量快速轨道交通系统。

3.1.6 磁悬浮列车

磁悬浮列车是一种运用"同性相斥、异性相吸"的电磁原理，依靠电磁力来使列车悬浮并行走的轨道运输方式。它是一种新型的没有车轮、采用无接触行进的轨道交通系统。

3.1.7 线性电机车辆系统

线性电机车辆轨道交通系统是由线性电机牵引、轮轨导向、车辆编组运行在小断面隧道、地面和高架专用线路上的中运量轨道交通系统。之所以将线性电机牵引的轨道交通系统列为独立的系统，是因为该系统与地下铁道、城际轨道、轻轨等有明显区别。

3.1.8 新交通系统

新交通系统目前还没有统一和严格的定义，从广义上来讲，是指那些与现有运输模式不同的各种短距离新交通方式的总称。狭义的新交通系统则定义为由电力牵引、具有特殊导向、操纵和转折方式的胶轮车辆单车或数辆编组运行在专用轨道梁上的中小运量轨道运输系统。

3.2 城市轨道交通的特点和作用

城市轨道交通和其他公共交通相比，优势比较明显，如用地省，运能大，轨道线路的输送能力约是公路交通输送能力的10倍；每一单位运输量的能源消耗量少，因而节约能源；采用电力牵引，对环境污染小；噪声属集中型，人均噪声小，易于治理；乘客乘坐安全、舒适、方便、快捷。

纵观城市轨道交通，它们具有如下共同特点：

（1）运输能力大。城市轨道交通由于高密度运转、列车行车时间间隔短、行车速度高、列车编组辆数多而具有较大的运输能力。市郊铁道单向高峰每小时的运输能力最大可达到6万～8万人次；地铁达到3万～6万人次，甚至达到8万人次；轻轨1万～3万人次；有轨电车能达到1万人次。

（2）运行速度高。公共汽车与其他车辆混杂行驶，目前在我国大城市运行速度仅为12～18km/h；地铁完全与其他线路隔离，运营速度较高，速度为40～50km/h，最高可达72km/h；轻轨系统因有不同程度的交叉，运行速度介于上述两者之间，一般为25～30km/h。

（3）乘坐舒适。随着一些高新技术在线路、轨道和车辆方面的应用，旅客乘车的舒适性有所提高。

（4）环境污染小。城市轨道交通一般采用电力机车牵引或动车牵引，具有不污染空气、噪声小和载客量大等特点，分流了公共汽车客运量，降低了汽车尾气排放量，有利于市区环境的改善。

（5）运行安全。市区内城市轨道交通在半封闭和全封闭的专用线路上运行，与其他公交线路不形成交叉，互不干扰，安全系数高。

（6）准点停靠。由于不受其他线路的影响，城市轨道交通的准点性高。

城市轨道交通对城市发展的作用有以下几个方面：城市轨道交通可以缓解城市交通拥堵问题；城市轨道交通具有活跃城市经济、拉动城市发展以及提高城市形象的功能；优先发展城市公共交通是城市公共交通战略的重要内容，更是促进我国城市健康发展的重要战略；发达的城市轨道交通网络是一个现代化城市不可缺少的标志。

3.3　城市轨道交通的基本施工工艺

与公路、铁路等工程一样，城市轨道交通工程也有很多施工方法，常见的有明（盖）挖法、浅埋暗挖法、盾构法。

3.3.1　明（盖）挖法施工

明挖法是指在地铁施工时挖开地面，由上向下开挖土石方至设计标高后，自基底由下向上进行结构施工，当完成地下主体结构后回填基坑及恢复地面的施工方法。盖挖法是由地面向下开挖至一定深度后，将顶部封闭，其余的下部工程在封闭的顶盖下进行施工的一种方法。

在地铁施工中，若场地开阔、建筑物稀少、交通及环境允许，应优先采用施工速度快与造价较低的明挖法施工。但是在城市繁忙地带修建地铁时，明挖法往往占用道路，影响交通。因此在交通不能中断而且必须确保一定交通流量的情况下，可选用盖挖法施工。

明挖法施工技术简单、快速、经济，常被作为地铁施工的首选方案。明挖法施工工序如下：围护结构施工→内井点降水（或基坑底土体加固）→第一层开挖→设置第一层支撑→第 n 层开挖→设置第 n 层支撑→最底层开挖→底板混凝土浇筑→最下层支撑拆除→混凝土内衬浇筑→自下而上逐步拆支撑→顶板混凝土浇筑。明挖法车站施工顺序如图 3-2 所示。

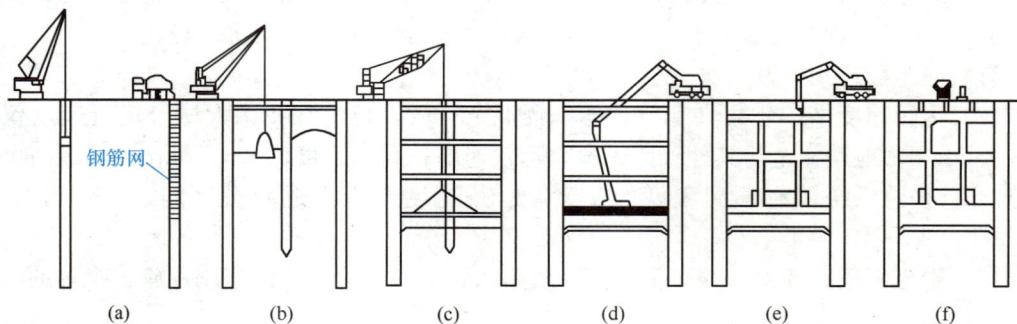

钢筋网

(a)　　(b)　　(c)　　(d)　　(e)　　(f)

图 3-2　明挖法车站施工顺序

盖挖法施工技术是先用地下连续墙、钻孔桩等做围护结构和中间桩，然后做钢筋混凝土盖板，在盖板、围护墙和中间桩保护下进行土方开挖和结构施工。

盖挖法按其主体结构的施工顺序，可分为盖挖顺作法、盖挖逆作法和盖挖半逆作法三种。逆作法是指按土方开挖顺序从上层开始往下进行主体结构施工；顺作法是指在土方全部开挖完成后，从底板开始做主体结构的施工方法。

【创新案例】

呼和浩特地铁明挖法换乘车站——深基坑侧壁夹层水处理技术

以呼和浩特市城市轨道交通1、3号线换乘车站为例，对深基坑侧壁夹层水处理技术的创新施工方法进行介绍。呼和浩特东站主体采用明挖顺筑法施工，围护结构采用钻孔灌注桩，水位位于地面以下19m，且在地下18m位置存在约1.5m厚的夹层水，仅基坑外降水无法达到开挖要求，通过现场研究确定，采用基坑外和基坑内相互配合进行降水，基坑外侧采用桩外降水井以抽水的方式进行降水，基坑内侧采用"PVC管桩间引流＋桩间内侧盲沟排水＋集水井抽水至雨水井、污水井"进行降水，施工过程中通过制定合理方案并不断优化，保证了工程顺利实施，质量可控，有效缩短工期。夹层水处理施工如图3-3所示。

图 3-3　夹层水处理施工图

采用全站仪进行具体的放线定位。护筒采用钢板制成钢管，护筒底部需要进入原土层，护筒埋设采用机械开挖，然后放入土内。护筒埋设完毕之后安装钻机，钻机安装完成之后即可采用清水水压平衡法进行降水井成孔。井管采用无砂水泥管，过滤器采用包裹两

43

层纱网的竹笼过滤器。井管下入后马上填入滤料，滤料填充时两端对称采用人工方法进行填充，填滤料时应随时对填入的滤料高度进行观测。采用活塞空压机联合洗井的方法进行洗井，用污水泵与空压机反复进行清洗，直至水清砂净为止，洗井水泵安装示意图如图3-4所示。

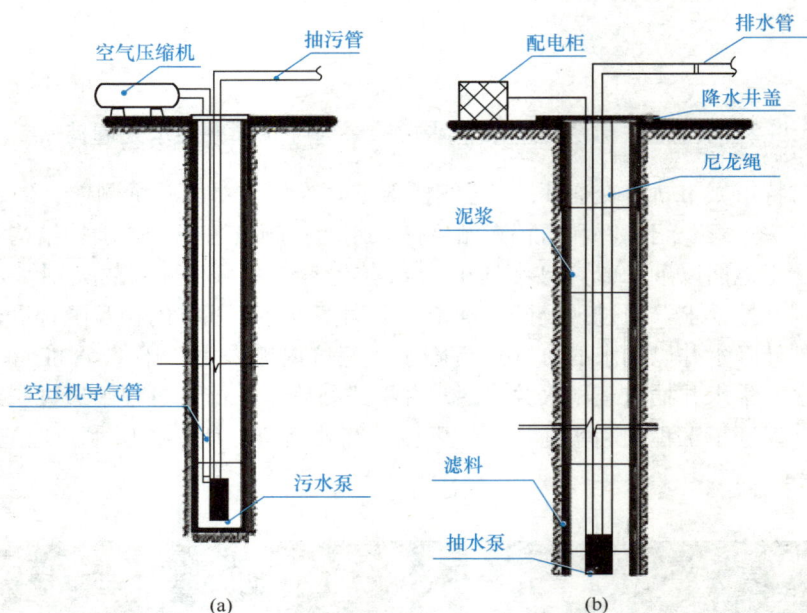

图 3-4 洗井水泵安装示意图

(a) 洗井；(b) 水泵安装

　　这一创新技术的提出，填补了内蒙古自治区相关施工技术空白。通过这些技术的应用，合理组织施工工序，更加科学合理地分配人员、材料及机械等资源，提高现场工作效率，同时质量及安全也得到了保证。基坑内"明排水＋PVC管侧壁引流"施工简便、安全且质量可控，节省施工降水井费用 24.5 万元，井点维护费 30 万元，节约打井时间 3 个月。因此，将自己专业知识和创新意识结合起来，融入实际工程中去，十分重要且有意义。

3.3.2　浅埋暗挖法施工

　　浅埋暗挖法是以加固软弱地层为前提，采用足够刚性的复合式衬砌结构，选用合理的开挖方式，应用信息化量测反馈，以保证施工安全和控制地面沉降的一种施工方法。它是在距离地表很近的地下进行地铁暗挖施工的方法。我国地铁建设者们在近几年施工中成功地应用了该方法，并根据我国地质情况，总结出了比较成熟的经验和理论。在明挖法、盾构法不适用的条件下，浅埋暗挖法的优越性得到充分体现。

　　浅埋暗挖法施工程序主要有开挖作业、初期支护、二次衬砌以及动态观测等，如图 3-5 所示。

3.3.3　盾构法施工

盾构法是以盾构机作为施工机械在地下暗挖隧道的一种施工方法。我国的地铁施工经历了手掘式、半机械式和机械式盾构机的发展历程。当前，手掘式和半机械式盾构机趋于淘汰，圆形截面的土压平衡盾构机使用最为广泛。

盾构机按整体结构从前往后依次为盾构机本体（包括刀盘、前盾、中盾和盾尾四部分）、连接桥架、1～5号台车，盾构机本体图如图3-6所示。

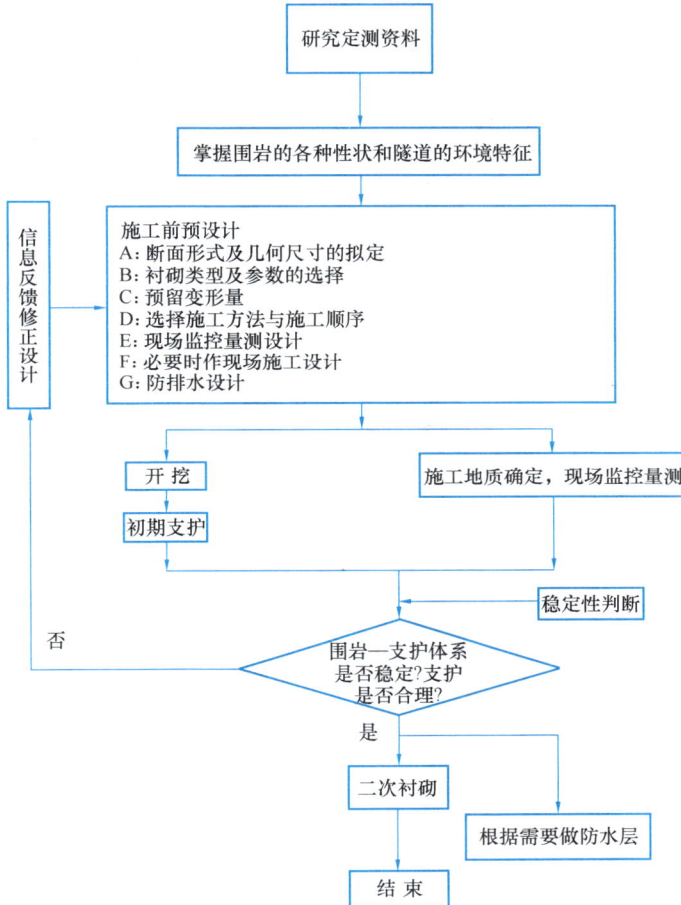

图 3-5　浅埋暗挖法施工程序

盾构机按构造主要划分为五部分：壳体、排土系统、推进系统、衬砌拼装系统和辅助注浆系统，如图3-7所示。

盾构机的通用标准外形是圆筒形，壳体由切口环、支承环和盾尾三部分组成，并与外壳钢板连成一体。

切口环（前盾）位于盾构机的最前端，施工时切入地层并掩护开挖作业，如图3-8所示。切口环前端设有刃口，以减少切土时对地层的扰动。切口环的长度主要取决于支撑和开挖方法、槽上机具和操作人员的工作回旋余地等。大部分手掘式盾构机切口环的顶部比

图 3-6 盾构机本体图

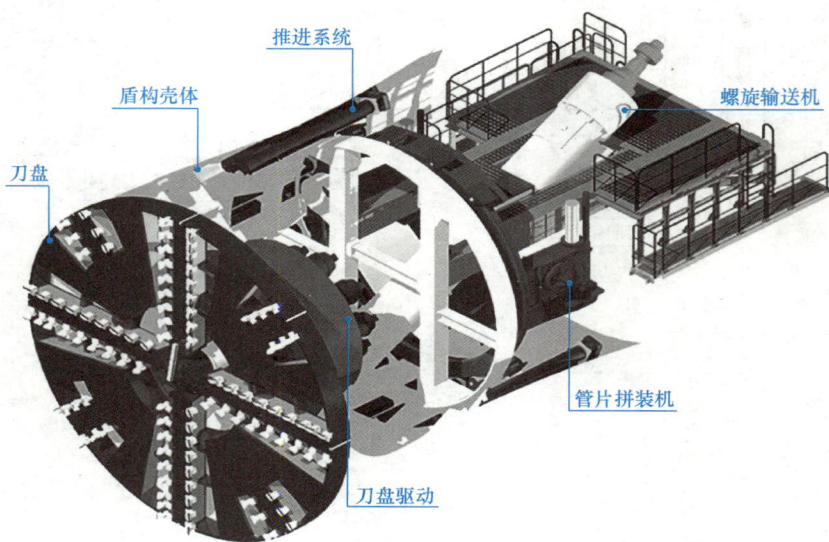

图 3-7 盾构机构造图

底部长，犹如帽檐，有的还设有千斤顶操纵的活动前檐，以增加掩护长度。机械化盾构机的切口中容纳各种专门挖土设备。在局部气压式、泥水加压式和土压平衡式盾构机中，其切口部分的压力高于隧道内常压，故切口环与支承之间需用密闭隔板分开。

支承环紧接于切口环后，位于盾构机中部。它是一个刚性较好的圆环结构。地层土压力、所有千斤顶的顶力以及切口、盾尾、衬砌拼装时传来的施工荷载均由支撑环承担。支承环的外沿布置盾构推进千斤顶。大型盾构机的所有液压、动力设备、操纵控制系统和拼装机等均设在支承环位置。中、小型盾构机则可把部分设备移到盾构机的后部车架上。当正面局部加压盾构机的切口环内压力高于常压时，支承环内要设置人工加压与减压闸室。

盾尾一般由盾构机外壳钢板延长构成，主要用于掩护隧道衬砌的安装工作，如图 3-9

图 3-8　切口环

所示。盾尾末端设有密封装置，以防止水、土及注浆材料从盾尾与衬砌之间进入盾构机内，盾尾密封装置损坏时应及时进行更换。盾尾长度应能满足以上各项工作的进行。从结构上考虑，盾尾厚度应尽可能减薄，但盾尾除承受地层土压力外，遇到隧道纠偏及弯道施工时，还有一些难以估计的施工荷载，受力情况复杂，所以其厚度应综合上述因素来确定。

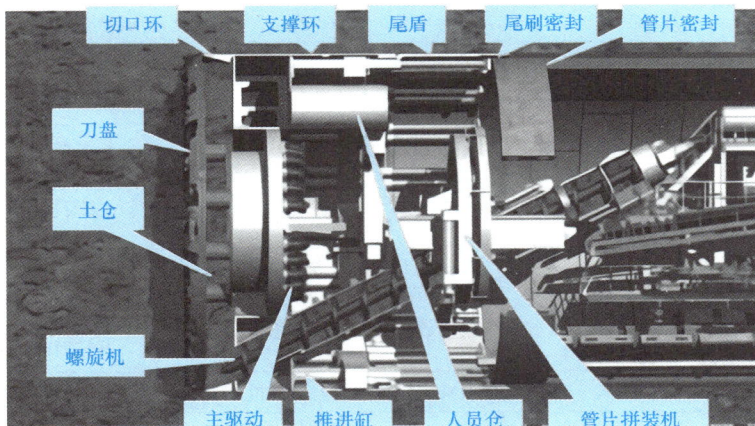

图 3-9　盾尾

排土系统由切削土体的刀盘、泥土仓、螺旋出土器、皮带传送机和泥浆运输电瓶车等部分组成。通过控制螺旋出土器排土的速度和盾构推进速度，可以保持开挖面土体的平衡。

推进系统由液压设备和盾构千斤顶组成，可使盾构机在土层中向前推进，主要设备是设置在盾构壳内侧环形中梁上的推进千斤顶群，如图 3-10 所示。

衬砌拼装系统由举重臂和真圆保持器组成，其中，举重臂（也称衬砌拼装器或机械手）是拼装系统的主要设备，常以油压系统为动力。

辅助注浆系统包括浆液搅拌机、注浆泵等设备。管片衬砌离开盾尾时，要及时压注浆

47

图 3-10　推进系统

液充填环形衬砌外的建筑间隙，以减少地面的沉降。

根据工作原理，盾构开挖方法一般分为手掘式盾构、半机械式盾构（局部气压或全局气压）、机械式盾构（开胸式切削盾构、气压式盾构、泥水加压盾构、土压平衡盾构、混合型盾构或异型盾构），如表 3-1 所示。

盾构开挖方法　　　　　　　　　　　　　　　　　　　　　　　表 3-1

挖掘方式	构造类型	盾构名称	开挖面稳定措施	适用地层	附注
人工开挖（手掘式）	敞胸	普通盾构	临时挡板、支撑千斤顶	地质稳定或松软均可	辅以气压人工井点降水及其他地层加固措施
		棚式盾构	将开挖面分成几层，利用砂的安息角和摩擦	砂性土	
		网格式盾构	利用土和钢制网状格栅的摩擦	黏土淤泥	
	闭胸	半挤压盾构	胸板局部开孔依靠盾构千斤顶推力土砂自然流入	软可塑的黏性土	
		全挤压盾构	胸板无孔、不进土	淤泥	
半机械式	敞胸	反铲式盾构	手掘式盾构装上反铲挖土机	土质坚硬、稳定，开挖面能自立	辅助措施
		旋转式盾构	手掘式盾构装上软岩掘进机	软岩	
机械式	敞胸	旋转刀盘式盾构	单刀盘加面板多刀盘加面板	软岩	不再另设辅助措施
	闭胸	局部气压盾构	面板和隔板间加气压	多水松软地层	辅助措施
		泥水加压盾构	面板和隔板间加压力泥水	含水地层、冲积层、洪积层	辅助措施
		土压平衡盾构（加水式，加泥式）	面板和隔板间充满土砂容积产生的压力与开挖面处的地层压力保持平衡	淤泥、淤泥混砂	

手掘式及半机械式盾构机均为敞开式开挖，这种方法适用于地质条件较好、开挖面在

48

掘进中能维持稳定或在有辅助措施时能维持稳定的情况，其开挖一般是从顶部开始逐层向下挖掘。若土层较差，还可借用千斤顶加撑板对开挖面进行临时支撑。采用敞开式开挖方法时，处理孤立障碍物、纠偏和超挖均比其他方法容易。为尽量减少对地层的扰动，要适当控制超挖量与开挖面暴露时间。

机械切削式开挖是对与盾构机直径相仿的全断面采用旋转切削刀盘的开挖方法。根据地质条件的好坏，刀盘可分为刀架间无封板和有封板两种。刀架间无封板适用于土质较好的地质。机械切削式开挖在弯道施工或纠偏中不如敞开式开挖，清除障碍物也不如敞开式开挖。使用刀盘的盾构机构造复杂，消耗动力较大，目前国内外较先进的泥水加压盾构机和土压平衡盾构机均采用这种开挖方式。

全挤压式和局部挤压式开挖由于不出土或仅部分出土，对地层有较大的扰动，在施工放线时应尽量避开地面建筑物。局部挤压施工时，要精心控制出土量，以减少和控制地表沉降。全挤压式施工时，盾构把四周一定范围内的土体挤压密实。

盾构法的特点是地面作业很少（除竖井外），隐蔽性好，噪声、振动对环境的影响小；隧道施工的费用和技术难度基本不受覆土深度的影响，适用于深埋隧道；穿越河底或海底时，不影响通航，也不受气候的影响；在地面建筑群和地下管线密集的区域施工时对周围环境影响较小；自动化程度高，劳动强度低，施工速度快；施工设备费用高；覆土较浅时，地表沉降较难控制；施工小半径隧道时掘进比较困难。

【创新案例】

上海轨道交通 9 号线二期

由上海城建隧道股份公司承建的上海轨道交通 9 号线二期徐家汇站至肇嘉浜路站区间已实现贯通，如图 3-11 所示。在这短短 1110m 的施工区间里，地下盾构"穿越"却突破了几项世界级的难点。首先，盾构需在超浅覆土的条件下近距离穿越上海轨道 1 号线，盾构与 1 号线隧道的最小距离仅为 0.83m；而难度最大的是，由于施工条件限制，盾构顶覆土最小深度仅为 4.2m。其次，盾构穿越过程中还遭遇了大量公用管线，其中离盾构最近的雨水管道距离仅为 0.34m，施工风险极大；并且还必须在 4m 左右的超浅覆土条件下从地下穿越一批 20 世纪 30 年代建造的楼房而不损坏房屋。

如此复杂的工况在国内甚至世界盾构法隧道施工史上都极为罕见。由于覆土太浅，压力不够，如果控制不好，盾构掘进姿态可能难以把握，而且建造好的地下隧道也可能上浮，从而威胁地上的建筑和地下的设施，后果不堪设想。为了解决覆土太浅压力不够的问题，施工单位创新使用了"压重"施工的办法，在地面和地下隧道上分别压上了 700 多吨的钢板和铅块，让盾构在地下平稳掘进，化解了施工风险。9 号线隧道内堆载图如图 3-12 所示。上海轨道交通 9 号线盾构成功穿越标志着我国盾构超浅覆土掘进施工及环境保护的科研攻关取得了突破。

图 3-11　上海轨道交通 9 号线

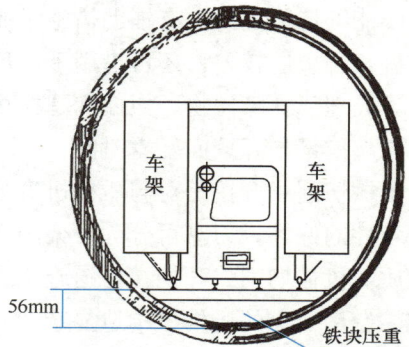

车架

车架

56mm

铁块压重

图 3-12　9 号线隧道内堆载图

7. 榜样引领

8. 创新创业小故事

【创新思考与创新实践】

请通过网络资源或查阅文献等方式了解盾构超浅覆土掘进施工及环境保护的相关知识，学习"压重法"在上海轨道交通 9 号线二期徐家汇站至肇嘉浜路站的运用。学习"压重法"的基本原理、施工方法、材料选用等相关知识。调研相关领域的新材料、新技术或新方法，探索城市轨道交通可能的创新突破方向。

学生综合学习评价表

评价维度	评价项目	评价指标	学生自评	同伴互评	教师评价
知识	基础性知识	1. 掌握基本概念，如城市轨道交通			
		2. 掌握城市轨道交通的特点和作用			
		3. 掌握城市轨道交通的施工工艺			
	方法性知识	1. 学会从不同渠道搜集信息并整理			
		2. 主动学习并掌握与本模块内容相关的新概念、新名词			
	创新性知识	1. 了解国内外城市轨道交通建设的新技术			
		2. 提出城市轨道交通建设面临的困难及解决方案			
		3. 提出城市轨道运营过程中可能会出现的问题及应对措施			
能力	语言表达	回答问题言简意赅、有理有据、论证信息正确且充足			
	搜集整理	搜集到足够的学习资料，并提取精华			
	创新思维	能提出独特的观点，主动发现新问题，提出新想法			
综合	自我反思				
	教师评语				

1. 简述明挖法的特点。
2. 简述明挖法的施工工序。
3. 浅埋暗挖法在选择具体施工方法时，一般应考虑哪些因素？
4. 盾构的基本构造主要由哪几部分组成？
5. 盾构施工有哪些优缺点？
6. 盾构的开挖方法有哪几种？

模块 4　公路与桥梁

模块导读

公路是国家的重要基础设施，是发展国民经济、造福社会、巩固国防的重要支撑力量。改革开放以来，我国公路建设特别是高速公路得到了迅速发展，走过了从无到有、从少到多、从低水平到高标准、从单个路段到逐步联网的光辉历程。桥梁是跨越障碍的通道，是铁路、公路和城市道路等庞大交通网络的重要组成部分，在国家的政治、经济等方面都起着重要的作用。由于交通网络建设的需求、建筑新材料的出现以及信息技术的普及等，桥梁的设计和施工技术发生了很大的变化，涌现出许多新型的桥梁结构。对此，公路和桥梁作为国家基础设施建设的支柱，是一个城市的标志，代表着国家经济发展水平。

知识目标

了解公路、桥梁的定义、分类、组成、作用及特征，熟悉有关名词术语，掌握公路、桥梁常见施工方法、工艺顺序。

能力目标

掌握公路路基、面层的施工技术要点以及桥梁上部结构施工方法，能够利用所学知识解决工程实际问题。

素质目标

引导学生积累扎实的专业知识和精湛的实践技能，培养学生的安全意识、创新探索的精神以及强烈的社会责任感。

4.1　公路基本概述

4.1.1　公路的概念

公路是指连接城市、乡村、港口、厂矿和林区等区域的道路，是主要供汽车行驶且具备一定技术条件的交通设施，属于一种人工构造物，是需要通过设计和施工等环节，消耗大量的人工、材料和机械完成的建筑产品。作为产品，施工质量将是公路工程的生命，决定着公路的使用安全、使用品质和寿命。因此，应对公路工程各组成部分的施工给予足够的重视。

4.1.2　公路的特征和作用

1. 公路的特征

（1）造价高、投资大

公路工程建设项目投资一般是巨大的，其建设工程合同的价额基本是上亿元甚至几百亿元，这是一般的建筑工程项目所不可比拟的。如雅西高速公路全长约240km，从2007年开始建设，到2012年建成通车，建设投资近206亿元，堪称"天梯高速"。目前造价最高的高速公路是位于四川的宜攀高速（沿江高速），全长约478km，总投资886亿元，每千米造价将近2亿元。

（2）点多、线长、面广

公路工程建设规模一般都比较大，从建设里程上来讲从几十千米到上百千米甚至上千千米的都有，涉及的施工区域可能不止一个省市，尤其是国道干线的建设，一般都要跨越几个省市，施工范围是相当广的，国道和省道实例图如图4-1所示。因此，大型公路工程的建设是不可能只由一家施工企业来完成的，需要多家企业合作，分点、分段完成建设。

(a)　　　　　　　　　　　　　　　　(b)

图 4-1　国道与省道实例图
（a）国道公路；（b）省道公路

（3）质量要求高、形成时间长

每条公路都是特有的、唯一的，一经建成，在短时间内将不会进行重复性的投资建设；同时，建设一条公路将会耗费大量的人力、物力和财力等。

9. 知识链接

因此，公路建设需要建设、设计、施工、监理等单位的密切配合，材料、动力、运输等各部门的通力协作，以及地方各级政府部门和施工沿线各相关单位的大力支持，以科学合理地利用资源，尽可能创造高质量的公路建筑产品。

（4）户外作业环境复杂、不可控因素多

公路工程本身的特点要求施工建设时采用全野外的作业方式，所以其面临的气候、地质水文条件、社会经济环境乃至风土人情都将是不同的。任何一项因素的变化都会影响公路工程建设的进程。

2. 公路的作用

公路作为交通运输体系的重要组成部分，在当今国民经济发展中发挥着越来越重要的作用。它以强大的通行能力、快捷的运行速度、灵活的运行方式等特性极大地提高和丰富了运输的能力和内容。公路运输对创造就业机会、调整产业结构、合理开发自然资源以及发挥城市的经济辐射作用均有着重要意义，国民经济的发展离不开公路运输的支撑。我国"五纵七横"国道主干线如图 4-2 所示。

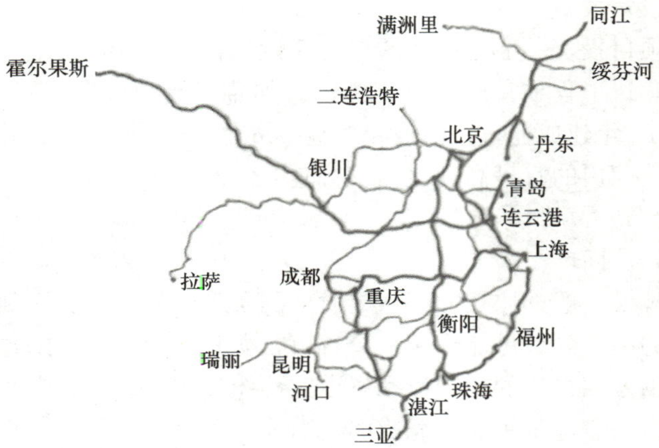

10. 知识链接

图 4-2　我国"五纵七横"国道主干线

4.2　公路的基本施工工艺

4.2.1　施工前期准备工作

1. 组织准备工作

组织准备工作主要是建立和健全施工队伍和管理机构、明确施工任务、制定必要的规章制度、确立施工所应达到目标等。组织准备是做好一切准备工作的前提。

2. 技术准备工作

公路施工前，施工单位应在全面熟悉设计文件和设计交底的基础上，进行施工现场勘察，核对设计文件并在必要时修改，发现问题应及时根据有关程序提出修改意见并报请变更设计，编制施工组织计划，恢复路线，施工放样与清除施工场地，做好临时工程的各项工作等技术准备。技术准备是工程顺利实施的基础和保证。技术准备工作的好坏直接影响到工程的进度、质量和经济效益。

3. 物质准备工作

物质准备工作包括各种材料与机具设备的购置、采集、加工、调运与储存以及生活后勤供应等。为使供应工作能适应基本工作的需要，物质准备工作必须制定具体计划，其中有的计划内容必须服从于保证施工组织计划顺利实施，而且常被列为施工组织计划的组成部分，如劳动力调配、机具配置及主要材料供应计划。

4.2.2 路基施工

路基挖填范围内的地表障碍物，事先应予以拆除，其中包括原有房屋的拆迁、树木和丛林茎根的清除以及表层种植土与设计文件或规程所规定的杂物等的清除。超挖清表与路基压实实例图如图 4-3 所示。

图 4-3　超挖清表与路基压实实例图

1. 填方路堤施工

（1）施工工序

填方路堤施工工艺顺序为：施工放样→清除表土→填前处理→分层填筑、整平、碾压、整修等。

（2）填筑方法

① 水平分层填筑：填筑时按照横断面全宽分成水平层次，逐层向上填筑。该方法是路基填筑的常用方式，如图 4-4（a）所示。

② 纵向分层填筑：依路线纵坡方向分层，逐层向上填筑，如图 4-4（b）所示。该方法常用于地面纵坡大于 12%、用推土机从路堑取料填筑、距离较短的路堤。缺点是不易碾压密实。

③ 横向填筑：从路基一端或两端按横断面全高逐步推进填筑，如图 4-4（c）所示。由于该方法填土过厚不易压实，因此仅用于无法自下而上填筑的深谷、陡坡、断岩、泥沼等机械无法进场的路堤施工。

④ 联合填筑：路堤下层用横向填筑而上层用水平分层填筑，如图 4-4（d）所示。适用于因地形限制或填筑堤身较高，不宜采用水平分层填筑或横向填筑法进行填筑的情况。单机或多机作业均可，一般沿线路分段进行，每段距离以 20～40m 为宜，多在地势平坦或两侧有可利用山地土场的场合采用。

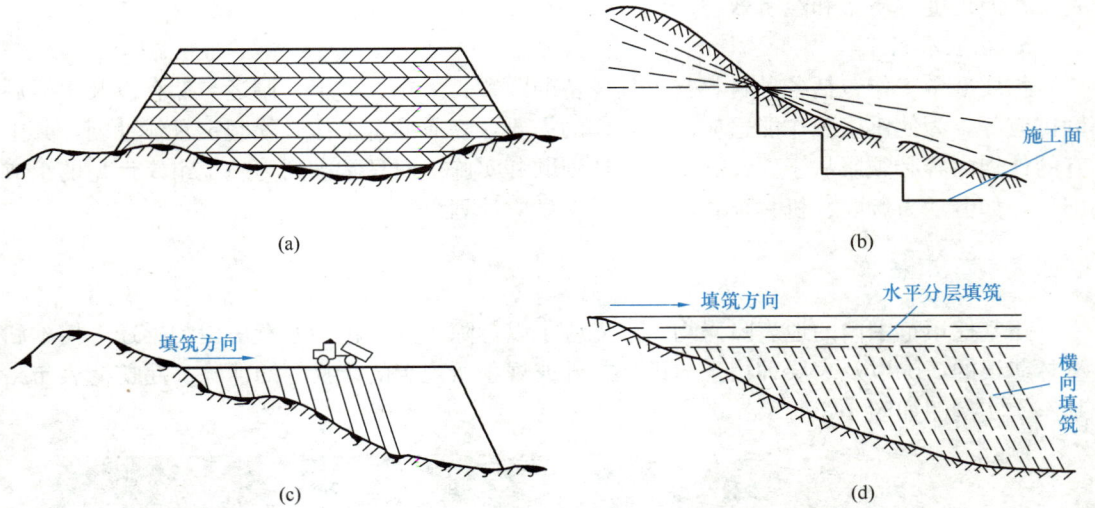

图 4-4　填筑方法

（a）水平分层填筑；（b）纵向分层填筑；（c）横向填筑；（d）联合填筑

2. 挖方路堑施工

（1）挖方路堑施工工序，如图 4-5 所示。

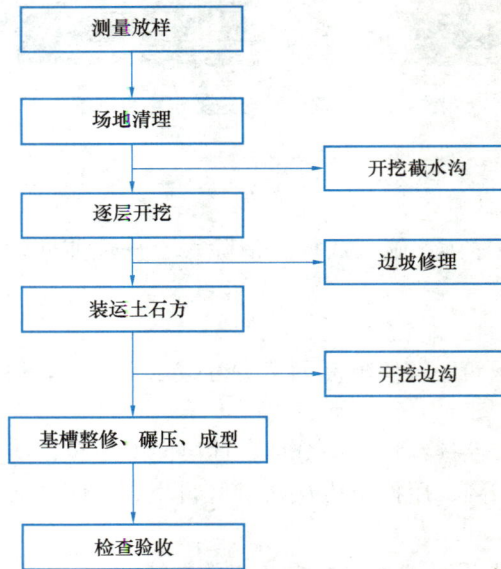

图 4-5　挖方路堑施工工序

（2）作业方法

1）横向挖掘法：路堑横向挖掘可采用人工作业，也可采用机械作业，具体方法有：

① 单层横向全宽挖掘法：从开挖路堑的一端或两端按断面全宽一次性挖到设计标高，逐渐向纵深挖掘，挖出的土方一般向两侧运送。该方法适用于挖掘浅且短的路堑，如图 4-6（a）所示。

② 多层横向全宽挖掘法：从开挖路堑的一端或两端按断面分层挖到设计标高。该方法适用于挖掘深且短的路堑，如图 4-6（b）所示。

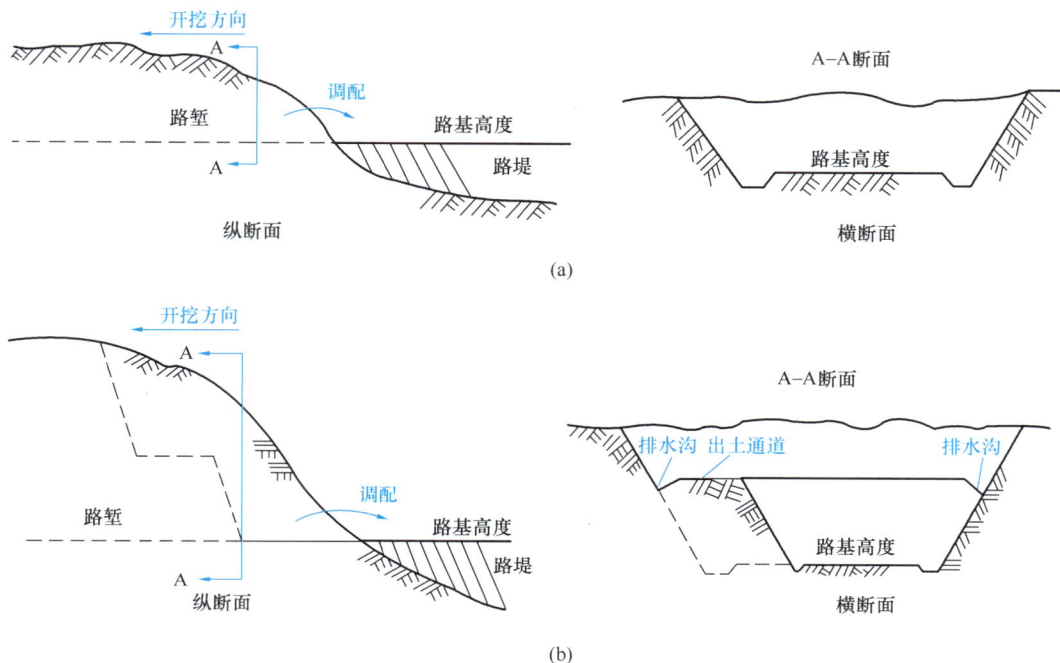

图 4-6　横向挖掘
（a）单层横向全宽挖掘法；（b）多层横向全宽挖掘法

2）纵向挖掘法：路堑纵向挖掘多采用机械作业，具体方法有：

① 分层纵挖法：沿路堑全宽以深度不大的纵向分层进行挖掘。该方法适用于开挖较长的路堑，如图 4-7（a）所示。

② 通道纵挖法：先沿路堑纵向挖掘一通道，然后将通道向两侧拓宽以扩大工作面，并利用该通道作为运土路线及场内排水的出路，如图 4-7（b）所示。该法适用于开挖较长、较深、两端地面纵坡较小的路堑。

③ 分段纵挖法：沿路堑纵向选择一个或几个适宜处，将较薄一侧堑壁横向挖穿，使路堑分成两段或数段，各段再纵向开挖，如图 4-7（c）所示。该法适用于开挖过长、弃土运距过远、一侧堑壁较低的傍山路堑。

3. 边沟、截水沟、排水沟施工

（1）施工工序为：施工准备→测量放样→边沟开挖→地基处理→浆砌片石→勾缝→质量检验。

（2）施工要点

① 边沟、截水沟、排水沟的位置、断面尺寸按图纸要求进行开挖，特殊地段加大开挖深度和宽度，如图 4-8 所示。

② 平曲线处的边沟沟底纵坡与曲线前后沟底相衔接，以消除沟底积水或防止外溢现象发生。在路堑和路堤交接处，边沟平顺引向路堤两侧的自然沟、排水沟，勿使路基附近

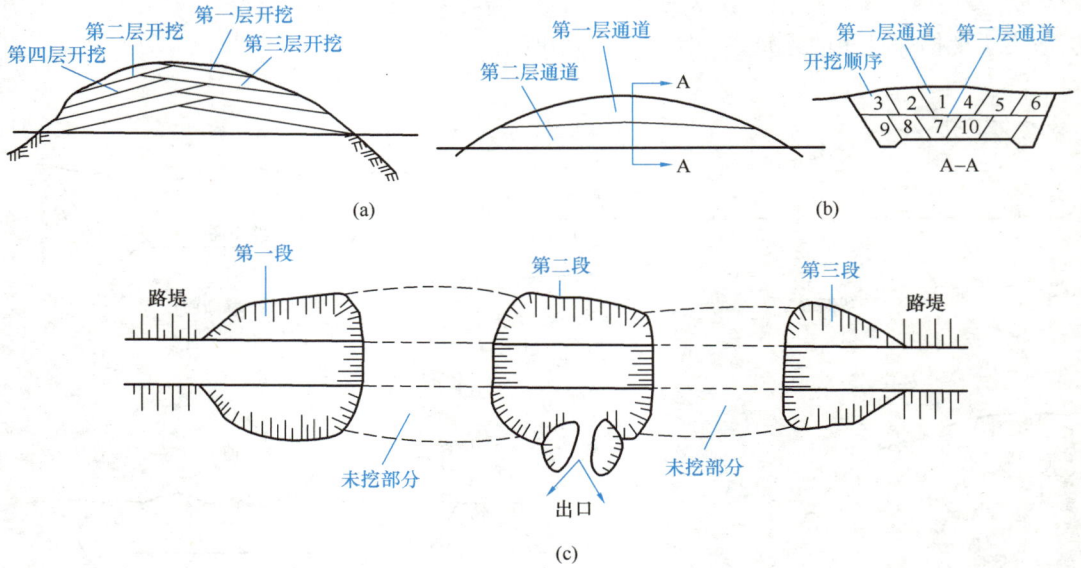

图 4-7 纵向挖掘

（a）分层纵挖法；（b）通道纵挖法；（c）分段纵挖法

积水冲刷路堤。

图 4-8 边沟、截水沟、排水沟施工

（a）边沟；（b）截水沟；（c）排水沟

4.2.3 路面施工

1. 砂砾垫层施工

（1）施工工序为：准备工作→施工放样→备料→推土机摊平→人工找平→平地机整形→压路机碾压→质量检验。

（2）施工要点

① 宜用砂、砂砾等颗粒材料，小于 0.075mm 的颗粒含量不宜多于 5％。

② 防冻垫层和排水垫层宜采用砂、砂砾等颗粒材料。半刚性垫层宜采用低剂量水泥、

石灰等无机结合稳定粒料或土类材料。

③ 排水垫层应与边缘排水系统相连接，厚度宜大于150mm，宽度不宜小于基层底面的宽度。

④ 季节性冰冻地区的中湿或潮湿路段地下水位高、排水不畅，路基处于潮湿或过湿状态，应设置垫层。

2. 底基层（基层）施工

目前常用的底基层（基层）类型为无机结合料底基层（基层），施工方法主要有路拌法和厂拌法两种。厂拌法指的是在固定的拌合厂或移动式拌合站拌制混合料的施工方法。路拌法指的是采用人工或拖拉机（带铧犁）或稳定土拌合机在路上（路槽中）或沿线就地拌合混合料的施工方法。路拌法施工仅适用于二级及二级以下的公路，其中，二级公路应采用稳定土拌合机制备混合料。

（1）施工工序

① 路拌法施工工序为：准备下承层→施工放样→备料→摊铺土→洒水闷料→洒水整形→摊铺石灰→干拌→整平→轻压→洒水湿拌→整形→碾压→养生→质量检验。

② 厂拌法施工工序为：准备工作→拌合站调试→拌合→运输→摊铺机摊铺→碾压→洒水养生→质量检验。

（2）施工要点

① 石灰稳定材料或石灰粉煤灰稳定材料层宜在当天碾压完成，最迟不应超过4d。

② 无机结合料稳定材料作为基层施工时，宜在气温较高的季节组织施工。施工期的日最低气温应在5℃以上，在有冰冻的地区，应在第一次重冰冻到来的15～30d前完成施工。

3. 沥青混凝土路面施工

（1）施工工序

沥青混凝土路面施工工艺流程如图4-9所示。施工工序为：准备下承层→喷洒透层或黏层→施工放样→拌合→运输→摊铺→碾压→检测验收→开放交通。

（2）施工要点

① 透层：沥青宜紧接着基层施工完毕后浇洒，洒布透层前，路面应清扫干净，应采取防止污染路缘石及人工构造物的措施，如图4-9（a）所示。

② 拌合：沥青混凝土料必须采用厂拌，高速公路和一级公路宜采用间歇式拌合机，其他等级公路可采用连续式拌合机。拌合过程要求混合料均匀、颜色一致，使沥青均匀地包裹在矿料粒料表面。集料一般加热到140～160℃，沥青一般加热到130～160℃；出料温度控制在130～160℃，如图4-9（b）所示。

③ 运输：宜采用大吨位自卸汽车。运料车运量应稍有富余，宜待等候运料车多于5辆后开始摊铺。运料车要清扫干净，车厢板涂隔离剂或油水混合液（柴油：水＝1：3）。装料时前后挪动汽车，以减少离析现象，运输过程中用苫布覆盖以达到保温、防雨、防污染的目的，如图4-9（c）所示。

④ 摊铺：热拌沥青混合料应采用沥青摊铺机摊铺，摊铺机的受料斗应涂刷薄层隔离剂或防粘结剂。摊铺机开工前应提前0.5～1h预热熨平板至不低于100℃。摊铺速度宜控制在2～6m/min，对改性沥青混合料及SMA混合料宜放慢至1～3m/min，如图4-9（d）

所示。

⑤ 碾压：沥青混凝土的压实层最大厚度不宜大于 10cm，碾压分初压、复压、终压。高速公路铺筑双车道沥青路面的压路机数量不宜少于 5 台，如图 4-9（e）所示。

⑥ 接缝处理：纵向接缝摊铺时宜采用梯队作业方式，采用热接缝，将已铺部分留下 10～20cm 宽暂不碾压，作为后续部分的基准面，然后作跨缝碾压以消除缝迹；当半幅施工或因特殊原因而产生纵向冷接缝时，宜加设挡板或加设切刀切齐。而对于高速公路和一级公路的表面层横向接缝应采用垂直的平接缝，其他等级公路的各层均可采用斜接缝，沥青层较厚时也可作阶梯形接缝，如图 4-9（f）所示。

(a)　　　　　　　　　　　　　　(b)

(c)　　　　　　　　　　　　　　(d)

(e)　　　　　　　　　　　　　　(f)

图 4-9　沥青混凝土路面施工工艺流程

（a）喷洒透层油；（b）沥青拌合；（c）沥青运输；（d）面层摊铺；（e）面层碾压；（f）接缝处理

⑦ 开放交通：当沥青混合料表面温度低于 50℃后，方可开放交通。铺筑好的沥青层应严格控制交通，做好保护，保持整洁，不得污染。

雅西高速——国际首创双螺旋隧道

雅西高速公路从石棉翻过拖乌山，线路距离为 60km，但高差却达到了 1500m。由于石棉境内全部是峡谷地带，没有展线的走廊，因此只能以隧道的方式穿过拖乌山。但在这里修建隧道，既要克服高差，又要考虑坡度的限制，怎么办呢？

经过多方考证，设计单位最后确定采用修建两座双螺旋小半径曲线型隧道，也就是以"螺旋形隧道"的方式通过。所谓"螺旋形隧道"，可以类比地理解为"盘山隧道"，即在山中打出一条隧道，在隧道中盘山，如图 4-10 所示。

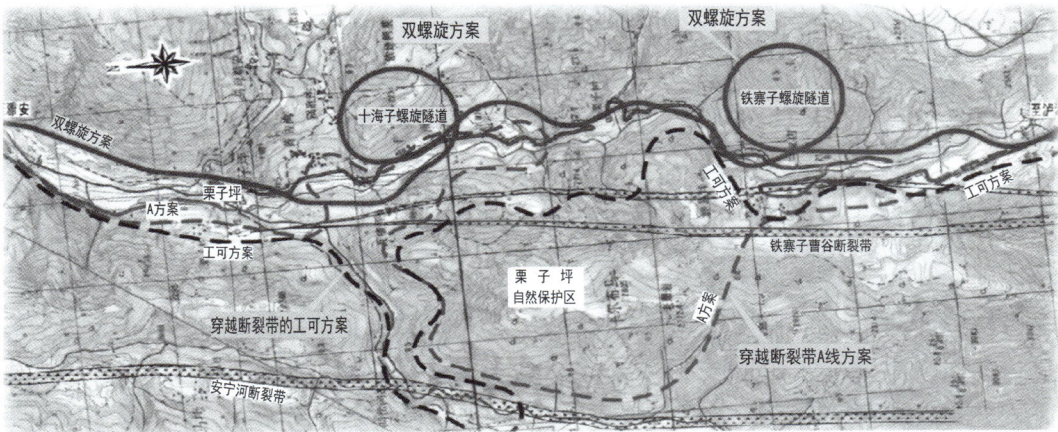

(a)

(b)

图 4-10　雅西高速双螺旋隧道

（a）双螺旋方案示意图；（b）工程案例

4.3 桥梁基本概述

4.3.1 桥梁定义及构造

桥梁是在道路路线遇到江河湖泊、山谷深沟以及其他线路（铁路或公路）等障碍时，为了保持道路的连续性而专门建造的人工构造物。桥梁既要保证桥上的交通运行，也要保证桥下水流的流通、船只的通航或车辆的通行，其构造如图 4-11 所示。

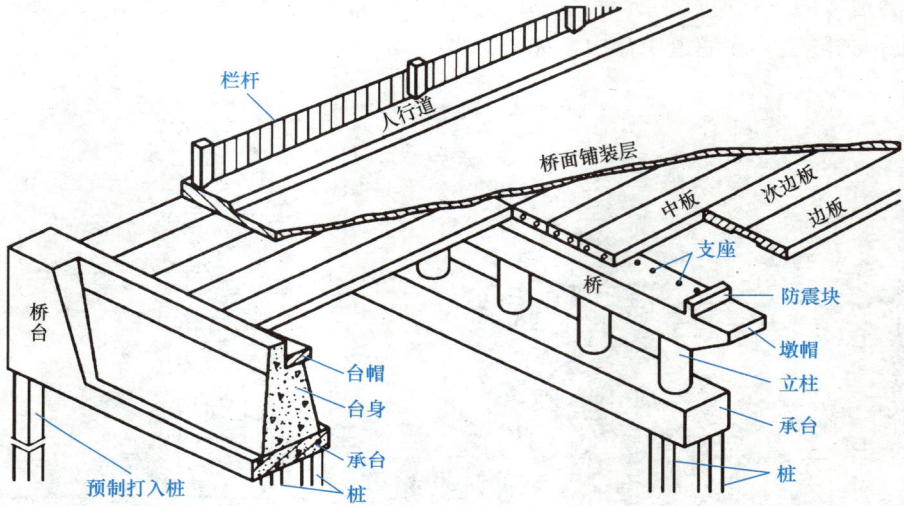

图 4-11 桥梁构造

4.3.2 桥梁的特征

1. 地域性

我国幅员辽阔，不同地域的桥梁，受所在自然地理和人文环境的影响，因地制宜，形成了各自相对独立的风格和特色。如中原地区，地势较为平坦，多为宽坦雄伟的石拱桥和石梁桥，以便于船只从桥下通过，如图 4-12（a）所示；西南地区，谷深崖陡，多建造绳索吊桥或伸臂式木梁桥，如图 4-12（b）所示；岭南闽粤沿海地区，盛产质地坚硬的花岗岩石，所以石桥比比皆是，如图 4-12（c）所示；而云南少数民族地区，竹材丰富，到处可见别具一格的各式竹桥，如图 4-12（d）所示。

2. 多样性

我国是文明古国，地大物博，山河奇秀，南北地质地貌差异较大，因此对建桥的技术要求较高。我国桥梁有四种基本形式——梁桥、浮桥、索桥、拱桥，如图 4-13 所示。

3. 多功能性

我国古代的匠师建桥时，格外注重发挥桥梁的最大效益，既能考虑因地制宜、一切从实用出发，又能考虑使桥梁尽量起到多功能的作用。如江南的拱桥多为两头平坦，中间高拱隆起，既拥有造型上的弧线美，又利于行舟；而南方地区常见的廊式桥，则更充分地反

图 4-12　不同地域风格的桥梁

（a）石拱桥；（b）吊桥；（c）石桥；（d）竹桥

图 4-13　我国桥梁的四种基本形式

（a）梁桥；（b）浮桥；（c）索桥；（d）拱桥

映了一桥多用的特点，如图 4-14 所示。

图 4-14 廊式桥

4.3.3 桥梁的组成与分类

1. 桥梁的组成

桥梁一般由上部结构、下部结构、支座及附属设施组成，如图 4-15 所示。

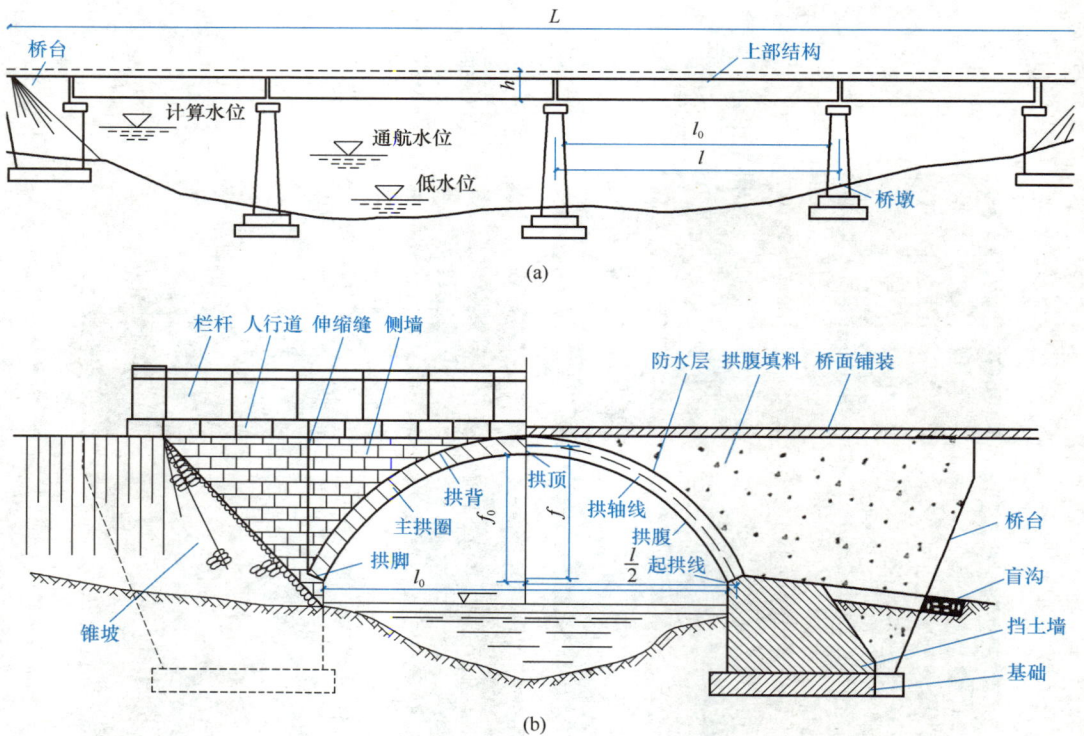

(a)

(b)

图 4-15 桥梁组成

(a) 梁式桥；(b) 拱桥

l_0—净跨径；l—计算跨径；f_0—净矢高；f—计算矢高；f/l（或 f_0/l_0）—矢跨比

（1）上部结构（桥跨结构）：线路跨越障碍（如江河、山谷或其他线路等）的结构物，是在线路中断时跨越障碍的主要承载结构。

（2）下部结构：包括桥墩、桥台和基础，是支承桥跨结构的结构物。

① 桥墩：多跨桥的中间支承桥跨结构的结构物。

② 桥台：设在桥的两端，一边与路堤相接，以防止路堤滑塌，另一边则支承桥跨结构的端部。为保护桥台和路堤填土，桥台两侧常做锥形护坡、挡土墙等防护工程。

③ 基础：是保证桥梁墩台安全并将荷载传至地基的构件。

（3）支座：是设置在桥跨结构与桥墩或桥台的支承处的传力装置，其不仅要能传递很大的荷载，并且要保证桥跨结构能产生一定的变位。

（4）附属设施：包括桥面系（桥面铺装、防水排水系统、栏杆或防撞栏杆以及灯光照明等）、伸缩缝、桥头搭板和锥形护坡等。

2. 桥梁的常用术语

（1）河流中的水位是随季节变动的，主要有以下三种水位，如图 4-15（a）所示。

① 计算水位：设计洪水位、壅水水位及浪高的和称为计算水位；

② 低水位：河流的最低水位；

③ 通航水位：在各级航道中，能保持船舶正常航行时的水位。

（2）与桥梁布置有关的主要尺寸和名词术语，如图 4-15 所示。

① 梁式桥净跨径是设计洪水位上相邻两个桥墩或桥台之间的净距，用 l_0 表示。对于拱式桥，是指每孔拱跨两个拱脚截面最低点之间的水平距离。

② 总跨径是多孔桥梁中各孔净跨径的总和，也称桥梁孔径（$\sum l_0$），反映了桥下宣泄洪水的能力。

③ 对于具有支座的桥梁，计算跨径是指桥跨结构相邻两个支座中心的距离，用 l 表示。对于拱桥，拱圈（或拱肋）各截面形心点的连线称为拱轴线，计算跨径为拱轴线两端点的水平距离。

④ 桥梁全长简称桥长，是桥梁两端两个桥台的侧墙或八字墙后端点之间的距离，以 L 表示。对于无桥台的桥梁，桥长为桥面系行车道的全长。

⑤ 桥梁高度简称桥高，是指桥面与低水位（或地面）之间的高差，或为桥面与桥下线路路面之间的距离。桥高在某种程度上反映了桥梁施工的难易程度。

⑥ 桥下净空高度是设计洪水位或计算通航水位至桥跨结构最下缘之间的距离，以 H 表示，它应保证能安全排洪，并不得小于对该河流通航所规定的净空高度。

⑦ 建筑高度是桥上行车路面（或轨顶）标高至桥跨结构最下缘的距离，它不仅与桥梁结构的体系和跨径的大小有关，而且还随行车部分在桥上布置的高度位置而异。

⑧ 拱轴线：拱圈各截面形心点的连线。

⑨ 净矢高：从拱顶截面下缘至相邻两拱脚截面下缘最低点连线的垂直距离，用 f_0 表示。

⑩ 计算矢高：从拱顶截面形心至相邻两拱脚截面形心连线的垂直距离，用 f 表示。

⑪ 矢跨比：计算矢高与计算跨径之比（f/l），也称拱矢度，它是反映桥受力特性的一个重要指标。

⑫ 涵洞：用来宣泄路堤下水流的构造物，通常在建造涵洞处路堤不中断。凡是多孔

跨径全长不到 8m 和单孔跨径不到 5m 的泄水结构物，均称为涵洞。

3. 桥梁的分类

（1）按桥梁结构体系分类

按结构体系划分，有梁式桥、拱式桥、刚架桥、悬索桥四种基本体系以及由基本体系组合而成的组合体系桥。

① 梁式桥

梁式桥以梁的抗弯能力来承受荷载。为了提高车辆通行能力、改善受力条件和使用性能，梁可采用简支梁、等截面连续梁和变截面连续梁等。相应地，梁式桥又分为简支梁桥、等截面连续梁桥、变截面连续梁桥等类型，如图 4-16 所示。

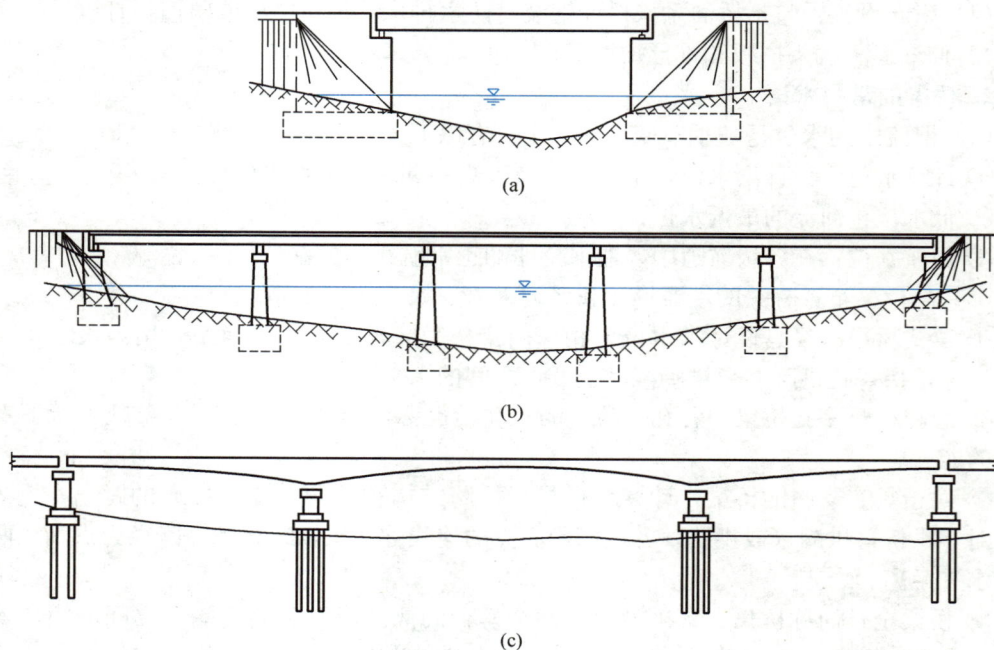

图 4-16　梁式桥形式

（a）简支梁桥；（b）等截面连续梁桥；（c）变截面连续梁桥

② 拱式桥

拱式桥的主要承重结构是拱肋（或拱箱），以承压为主，可使用抗压能力强的圬工材料（石、混凝土与钢筋混凝土）来修建。按照行车道处于主拱圈的不同位置，拱式桥分为上承式、中承式和下承式三种，如图 4-17 所示。

③ 刚架桥

刚架桥是介于梁与拱之间的一种结构体系，它是由受弯的上部梁（或板）结构与承压的下部柱（或墩）整体结合在一起的结构。刚架桥施工较复杂，一般用于跨径不大的城市桥或公路高架桥和立交桥，如图 4-18 所示。

④ 悬索桥

悬索桥是指以悬索为主要承重结构的桥。其主要构造是缆、塔、锚、吊索及桥面，一般还有加劲梁。悬索桥是大跨桥梁的主要形式。其结构形式及工程案例如图 4-19 所示。

(a)   (b)

(c)

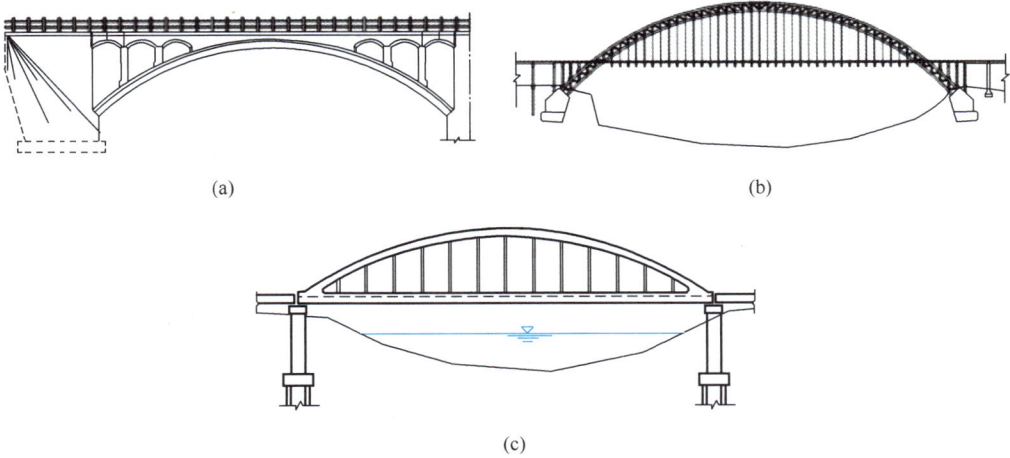

图 4-17　拱式桥形式

（a）上承式拱桥；（b）中承式拱桥；（c）下承式拱桥

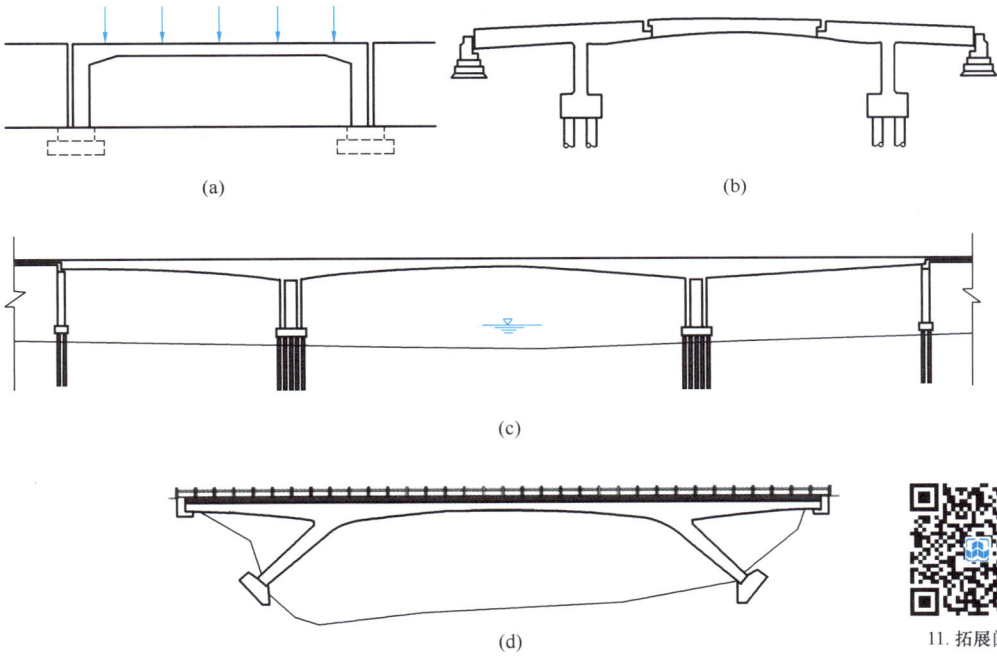

(a)   (b)

(c)

(d)

11. 拓展阅读

图 4-18　刚架桥形式

（a）门式刚架桥；（b）T形刚架桥；（c）连续刚架桥；（d）斜腿刚架桥

⑤ 组合体系桥

组合体系桥由几个不同体系的结构组合而成，最常见的为连续刚架桥，它是梁拱组合结构体系。斜拉桥也是组合体系桥的一种，它是由承压的塔、受拉的索与承弯的梁体组合起来的一种梁索组合结构体系。其结构形式及工程案例如图 4-20 所示。

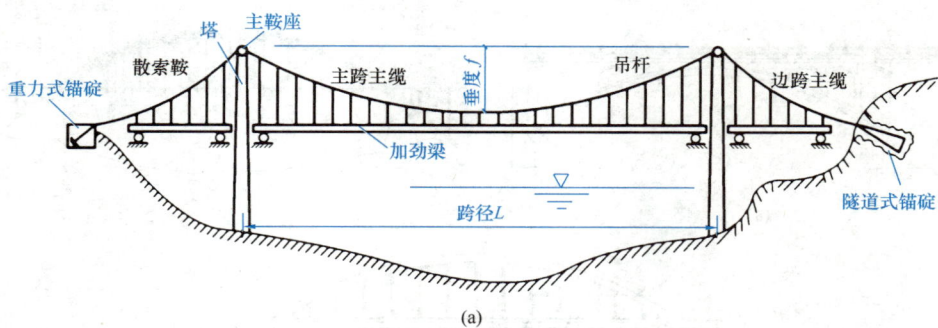

(a)

(b)

图 4-19　悬索桥结构形式及工程实例

（a）结构形式；（b）工程案例

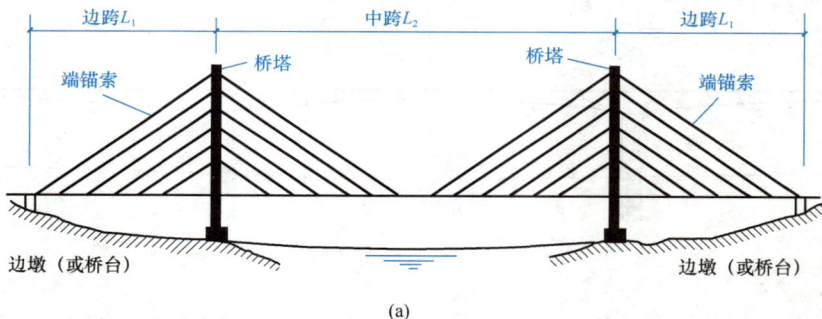

(a)

(b)

图 4-20　斜拉桥结构形式及工程实例

（a）结构形式；（b）工程案例

（2）桥梁的其他分类

① 按用途划分，有公路桥、铁路桥、公路铁路两用桥、农桥、人行桥、运水桥（渡槽）及其他专用桥梁（如通过管路、电缆等）。

② 按多孔跨径总长或单孔跨径的不同，分为特大桥、大桥、中桥和小桥，如表 4-1 所示。

桥梁按多孔跨径总长或单孔跨径的不同分类 表 4-1

桥梁分类	多孔跨径总长 L（m）	单孔跨径 L_0（m）
特大桥	$L>1000$	$L_0>150$
大桥	$1000 \geqslant L \geqslant 100$	$150 \geqslant L_0 \geqslant 40$
中桥	$100>L \geqslant 30$	$40>L_0 \geqslant 20$
小桥	$30 \geqslant L \geqslant 8$	$20>L_0 \geqslant 5$

③ 按主要承重结构所用的材料划分，有圬工桥（包括砖、石、混凝土桥）、钢筋混凝土桥、预应力混凝土桥、钢桥和木桥等。

④ 按跨越障碍的性质，可分为跨河（海）桥、跨线（立体交叉）桥、高架桥等。

⑤ 按上部结构的行车道位置，分为上承式桥、下承式桥和中承式桥。

4.4　桥梁的基本施工工艺

12. 知识链接

桥梁施工通常采用两种主要的方法，即就地浇筑法和预制安装法，现对两种施工方法进行简要介绍。

4.4.1　就地浇筑法

就地浇筑法直接在桥跨下面搭设支架作为工作平台，然后在上面立模浇筑梁体结构。这种方法适用于两岸桥墩不太高的引桥和城市高架桥，或靠岸边水不太深且无通航要求的中小跨径桥梁，其主要优缺点如下：

（1）优点：它不需要大型的吊装设备和专门的预制场地，梁体结构中横桥向的主筋不用中断，故其结构的整体性能好。

（2）缺点：支架需要多次转移，使工期加长，如采用全桥多跨一次性立架，则投入的支架费用又将大大增加。

4.4.2　预制安装法

预制安装法一般适用于同类桥梁跨数较多、桥墩较高、河水较深且有通航要求的情况。通常将桥跨结构用纵向竖缝划分成若干个独立的构件，放在桥位附近专门的预制场地或者工厂进行成批制作，然后将这些构件适时地运到桥孔处安装就位，其主要优缺点如下：

（1）优点：桥梁的上、下部结构可以平行施工，使工期大大缩短；无需在高空进行构件制作，质量容易控制，可以集中在一处成批生产，从而减少工程成本。

（2）缺点：需要大型的起吊运输设备，费用较高。由于构件之间存在拼接缝，故拼接构件的整体工作性能不如就地浇筑法。

无论采用哪一种施工方法进行施工，对于混凝土构件本身而言，必须经过如图 4-21 所示的基本施工工艺流程才能成型。

```
支立模板 ──▶ 钢筋骨架成型 ──▶ 浇筑及振捣混凝土 ──▶ 养护及拆除模板
```

图 4-21　混凝土构件基本施工工艺流程

就地浇筑法适用于所有桥型的施工且施工工艺较简单，在此不作介绍，本部分主要介绍预制安装法的施工工艺。

桥梁施工主要包括上部结构施工和下部结构施工。桥梁下部结构包括桥墩、桥台和基础，基础根据埋深可以分为浅基础（埋深＜5m）和深基础（埋深≥5m）两种。由于下部结构基本上是钢筋混凝土构件，在此不再进行详细的介绍，主要介绍桥梁上部结构的有关施工工艺技术。

4.4.3　桥梁上部结构施工

桥梁上部结构可分为简支梁桥、连续体系梁桥、混凝土拱桥和斜拉桥。

1. 简支梁桥施工

简支梁桥主梁横截面通常有 T 形、箱形、空心板等形式，如图 4-22 所示。

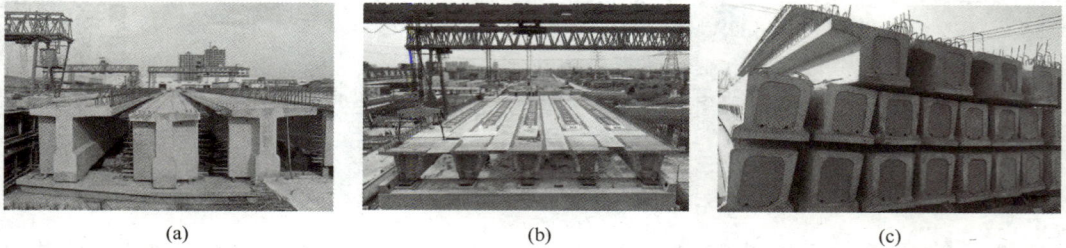

(a)　　　　　　　　　　　　(b)　　　　　　　　　　　　(c)

图 4-22　简支梁桥横截面形式
（a）T 形梁；（b）小箱形梁；（c）空心板梁

（1）钢筋混凝土简支梁桥

钢筋混凝土简支梁桥主要由梁肋（腹板）、翼板（桥面板）、底板结合在一起作为承重结构，肋之间的处于受拉区域的混凝土得到较大挖空，减轻结构自重，既充分利用扩展的桥面板的抗压能力，又有效地发挥了梁肋下部或底板受力钢筋的抗拉作用。

（2）预应力混凝土简支梁桥

在工程上的应用比较广泛，且多属于标准设计的构件，以便于成批生产、保证质量、降低成本。制作的场地可以是桥梁工地附近的地面，也可以是专门的构件制造厂，其施工工艺为：构件制作→构件运输→构件安装。

（3）简支梁预制构件的安装

安装简支梁预制构件的机械设备和方法较多，现对几种常见的架梁方法进行说明。

① 当桥梁跨径不大、质量较轻时，可以采用自行式起重机（汽车式起重机或履带式起重机）架梁，如图 4-23（a）所示。

② 当需要在水中架梁时，可以采用浮吊船架梁，它实际是起重机与驳船的联合体，

可在通航河道上的桥孔下面架桥，而装有成批预制构件的装梁船，则停靠在浮吊船的一旁，随时供浮吊船起吊，如图 4-23（b）所示。

③ 当桥不太高、架桥孔数较多、沿桥墩两侧铺设轨道不困难时，可以采用跨墩龙门式起重机架梁，如图 4-23（c）所示。

除此以外，还可以采用宽穿巷式架桥机架梁、联合架桥机架梁等方法。

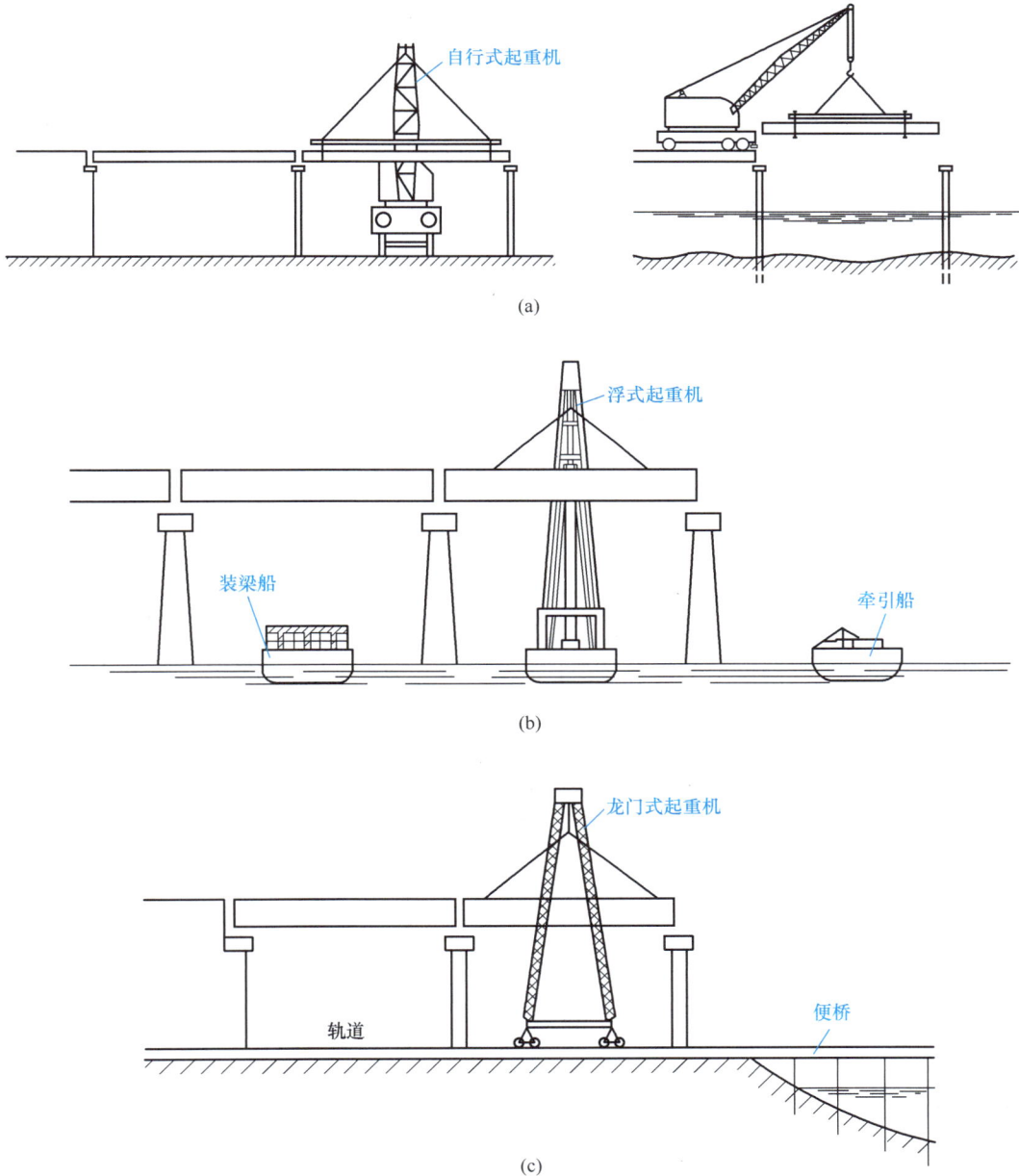

(a)

(b)

(c)

图 4-23 简支梁预制构件安装方法

（a）自行车式起重机架梁；（b）浮吊船架梁；（c）跨墩龙门式起重机架梁

2. 连续体系梁桥施工

连续体系梁桥在桥跨结构上除了有承受正弯矩的截面以外，还有承受负弯矩的支点截面，这是与简支梁体系的最大差别，其施工方式也与简支梁大不相同。目前所用的施工方法大致可分为三类。

（1）逐孔施工法

逐孔施工法可分为落地支架施工和移动模架施工两种。

① 落地支架施工

落地支架施工法与简支梁桥的就地浇筑法施工基本上是相同的，所不同的是连续梁桥在中墩处的截面是连续的，而且承担较大的负弯矩，需要混凝土截面连续通过。

② 移动模架施工

移动模架施工法是使用移动式的脚手架和装配式的模板，在桥上逐孔浇筑的施工方法。它像一座设在桥孔上的活动预制场，随着施工进程不断移动和连续现浇施工，其施工工艺如图 4-24 所示。

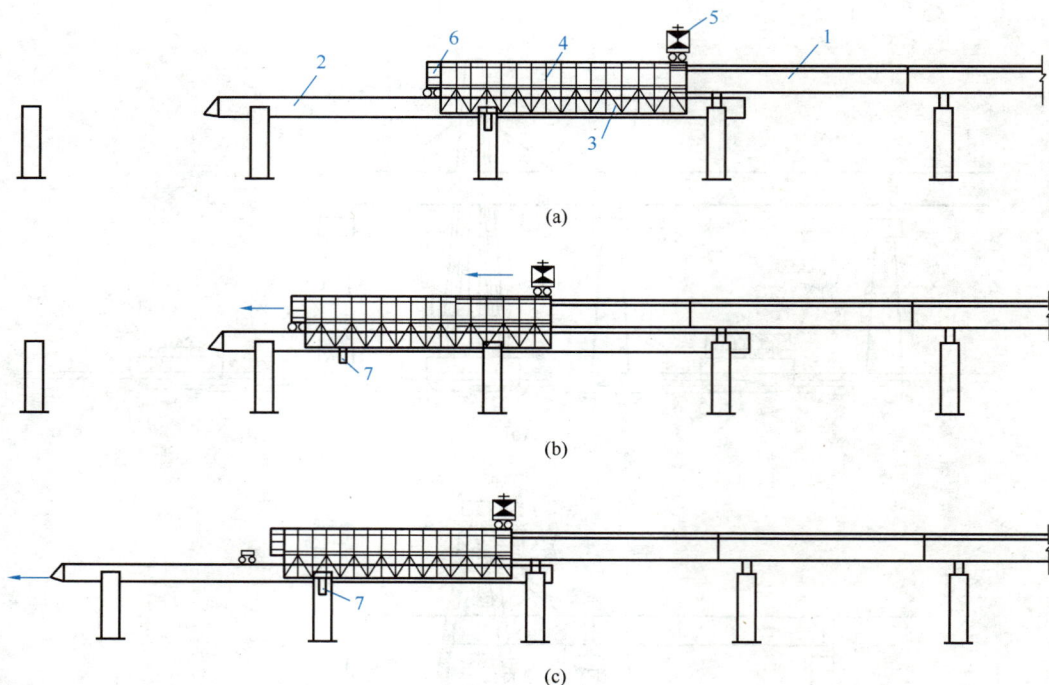

图 4-24　移动模架施工法施工工艺

（a）浇筑混凝土施加预应力；（b）脱模移动模架梁；（c）模架梁就位后，移动导梁，浇筑混凝土前准备工作

1—已完成的梁；2—导梁；3—承重梁；4—模架；5—后端横梁和悬吊台车；

6—前端横梁和支承台车；7—桥墩支承托架

（2）节段施工法

节段施工法将每一跨结构划分成若干个节段，采用悬臂浇筑法或者悬臂拼装法（预制节段）逐段接长，然后进行体系转换。

① 悬臂浇筑法

悬臂浇筑法以移动式挂篮为主要施工设备，以桥墩为中心，对称地向两岸利用挂篮浇筑梁节段的混凝土，待混凝土达到要求强度后，便张拉预应力束，然后移动挂篮，进行下一节段的施工，如图 4-25 所示。

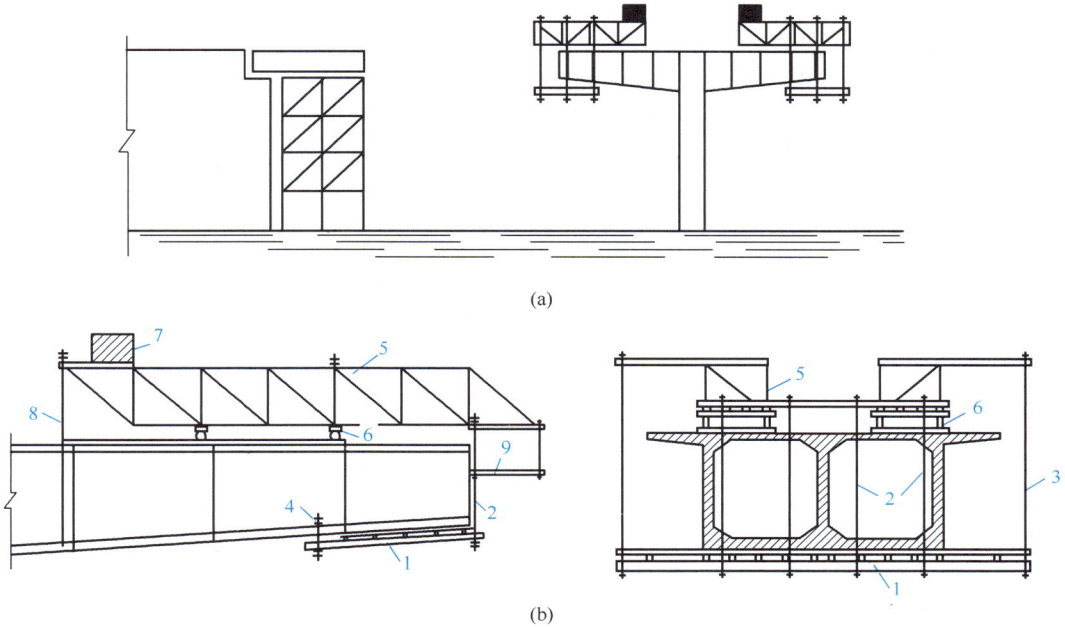

(a)

(b)

图 4-25　悬臂浇筑法

（a）悬臂浇筑法概貌；（b）挂篮结构简图

1—底模架；2、3、4—悬吊系统；5—承重结构；6—行走系统；7—平衡重；8—锚固系统；9—工作平台

② 悬臂拼装法

悬臂拼装法是将预制好的梁段，用驳船运到桥墩的两侧，然后通过悬臂梁上（先建好的梁段）的一对起吊机械将梁段按照图 4-26 中 1～7 的顺序依次对称吊装，待就位后再施加预应力，如此逐渐接长完成拼装。

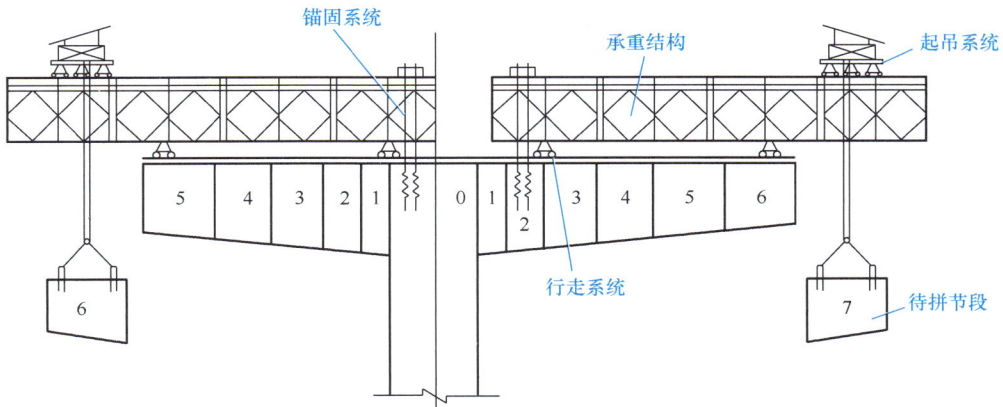

图 4-26　悬臂拼装法

为了确保连续梁分段悬拼施工的平衡和稳定，0号块（墩顶节段）常用悬臂浇筑法制作，将构件支座临时固结，必要时在墩两侧加设临时支架以满足悬拼的施工需要。1号块是紧邻0号块两侧的梁节段，也是悬拼构件的基准梁段，是全跨安装质量的关键，一般采用湿接缝连接。

（3）顶推施工法

顶推施工法是在桥的一岸或两岸开辟预制场地，分节段预制梁身，并用纵向预应力筋将各节段连成整体，然后应用水平液压千斤顶施力，将梁段向对岸顶推。如果只在一岸开辟预制场地预制梁身，使用液压千斤顶将梁段向另一岸顶推，称为单向顶推。为了加快施工进度，可在河两岸的桥台处设置预制场地和顶推设备，从两岸向河中顶推，这样的方法称为双向顶推，连续梁双向顶推施工如图4-27所示。

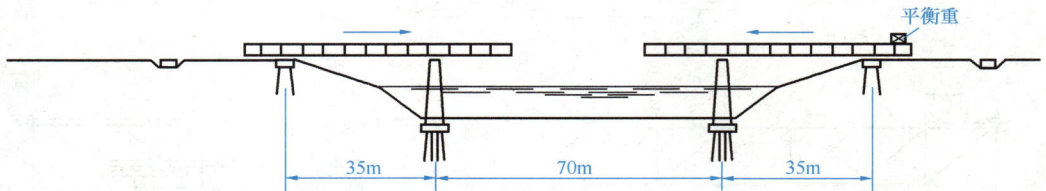

图4-27　连续梁双向顶推施工

3. 混凝土拱桥施工

混凝土拱桥的施工按其主拱圈成型所用方法的不同可分为就地浇筑法、预制安装法和转体施工法三类。

（1）就地浇筑法

就地浇筑法是将拱圈混凝土直接在桥孔位置完成的方法。其基本施工工艺流程为：立模→扎筋→浇筑混凝土→养护及拆模。具体施工方法有支架施工法和悬臂浇筑法两种。

① 支架施工法

混凝土拱桥的支架施工法与梁式桥相类似，这里不再详细介绍。

② 悬臂浇筑法

悬臂浇筑法将主拱圈划分成若干个节段，并用专门设计的钢桁托架结构作为现浇混凝土的工作平台。托架的后端铰接在已完成的悬臂结构上，其前端则用刚性组合斜拉杆经过临时支柱和塔架，再由尾索锚固在岸边的锚碇上，如图4-28所示。

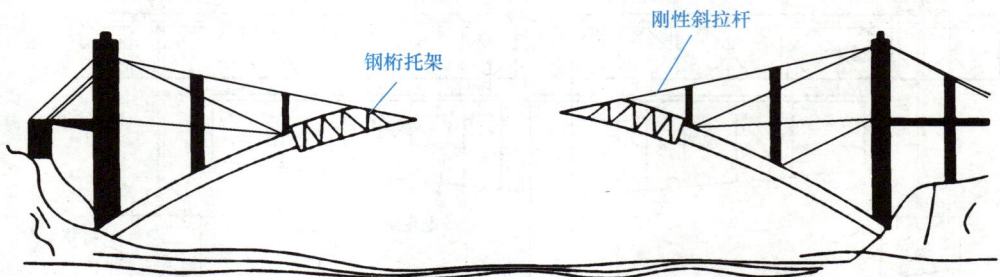

图4-28　悬臂浇筑法

（2）预制安装法

预制安装法按主拱圈结构所采用的材料不同可以分为整体安装法和节段悬拼法两种。

① 整体安装法

这种施工方法适用于钢管混凝土系杆拱的整片起吊安装，因为钢管混凝土拱肋在未灌混凝土时具有质量轻的优点，如图 4-29 所示。

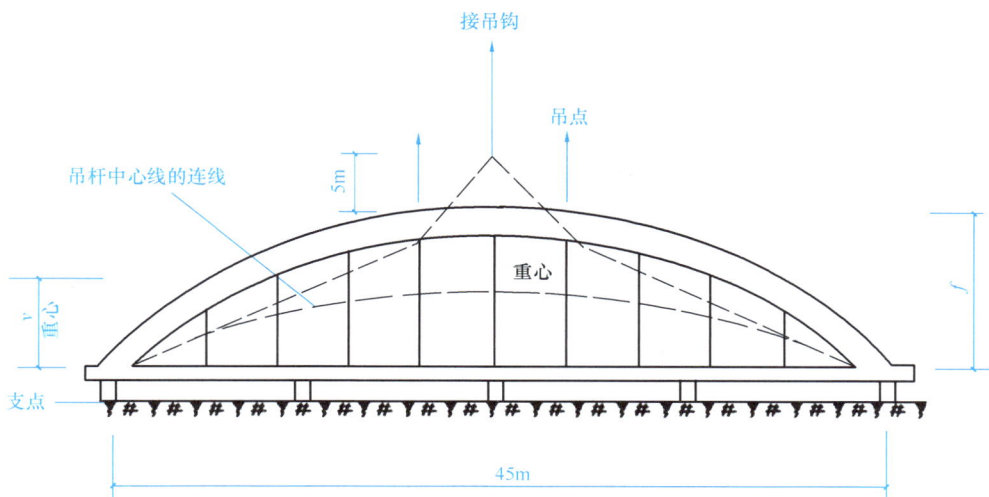

图 4-29　钢管混凝土系杆拱整体起吊

② 节段悬拼法

节段悬拼法将主拱圈结构划分成若干节段，先放在现场的地面或场外工厂进行预制，然后运送到桥孔的下面，利用起吊设备提升就位，进行拼接，逐渐加长直至成拱。每拼完一个节段，必须借助辅助设备临时固定悬臂段。这种方法对钢筋混凝土或钢管混凝土主拱圈的施工都适用。常用的起重设备有缆索吊装设备和伸臂式起重机，如图 4-30 所示。

（3）转体施工法

转体施工法将主拱圈从拱顶截面分开，把主拱圈混凝土高空浇筑作业改为放在桥孔下面或者两岸进行，并预先设置好旋转装置，待主拱圈混凝土达到设计强度后，再将它就地旋转就位成拱。按照旋转的几何平面可分为平面转体、竖向转体和平竖结合转体三种施工方法，如图 4-31 所示。

4. 斜拉桥施工

斜拉桥同样可采用梁式桥和拱式桥的施工方法，但最适宜的方法是悬臂施工法，其余方法一般只能用于河水较浅或者修建在旱地上的中、小跨径斜拉桥。斜拉桥的悬臂施工也有悬臂拼装法和悬臂浇筑法两种。

（1）悬臂拼装法

以双塔三跨斜拉桥为例，采用的悬臂拼装法可按照如图 4-32 所示的①～⑥顺序依次拼装进行施工。

施工技术要点：

① 利用塔上塔式起重起重机搭设 0 号、1 号块件临时用的支撑钢管架；

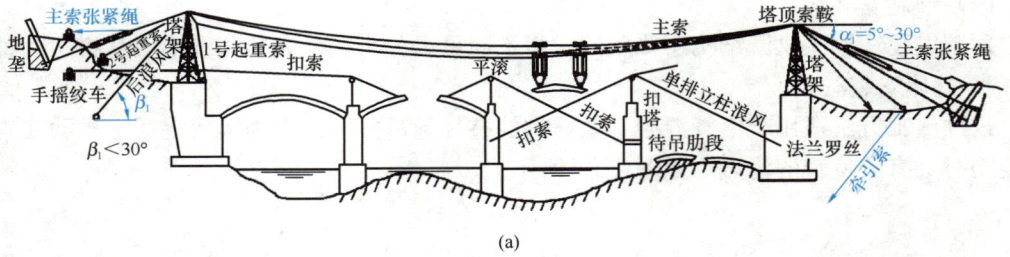

(a)

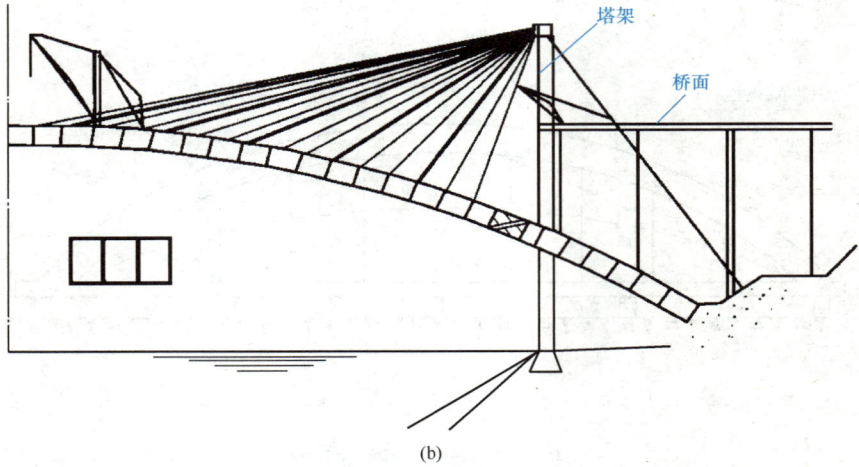

(b)

图 4-30 节段悬拼法起重设备

（a）缆索吊装布置图；（b）伸臂式起重机悬臂拼装图

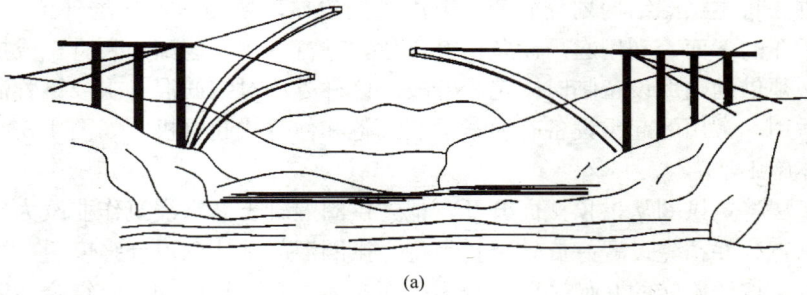

(a)

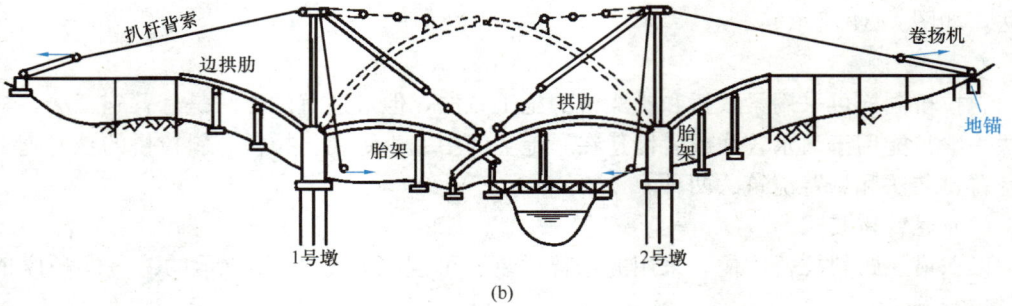

(b)

图 4-31 转体施工法（一）

（a）平面转体；（b）竖向转体；

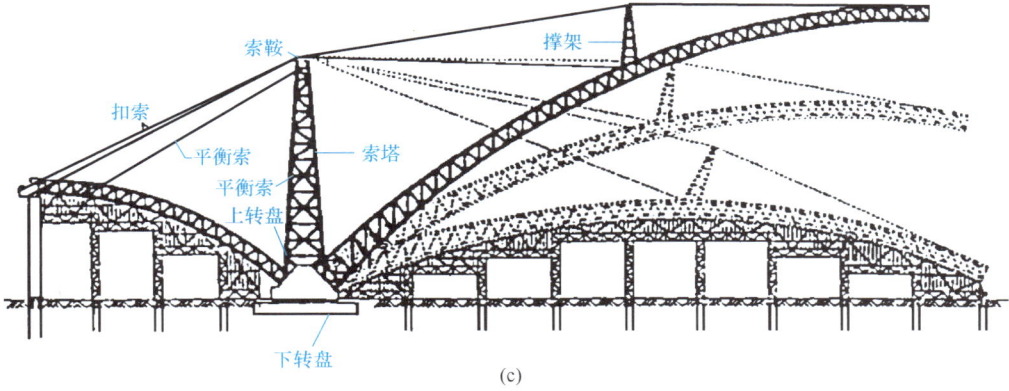

图 4-31 转体施工法（二）

（c）平竖结合转体

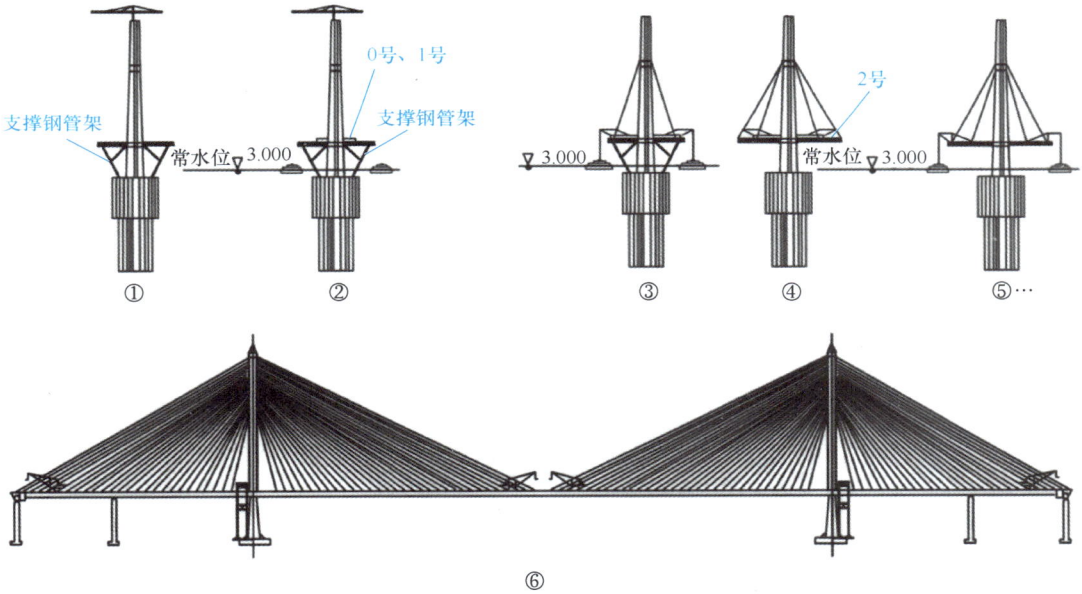

图 4-32 斜拉桥悬臂拼装施工

② 利用塔式起重机安装好 0 号及 1 号块件；

③ 安装好 1 号块件的斜拉索，并在其上架设主梁悬臂吊机，拆除塔上塔式起重机和临时支撑架；

④ 利用悬臂吊机安装两侧的 2 号块的钢主梁，并挂相应的两侧斜拉索；

⑤ 重复上一循环直至全桥合龙；

⑥ 安装中孔合龙段钢主梁，全桥合龙；待钢主梁合龙立即释放临时固结构，使全桥形成全漂浮结构体系。

（2）悬臂浇筑法

斜拉桥采用悬臂浇筑法时，其主要施工工艺顺序为：①支架现浇 0 号块→②在 0 号块的基础上浇筑1号块并挂索拼装挂篮，依次对称悬浇梁段，挂篮前移→③依次对称拼装其他悬浇梁段直到合龙段，如图4-33所示。

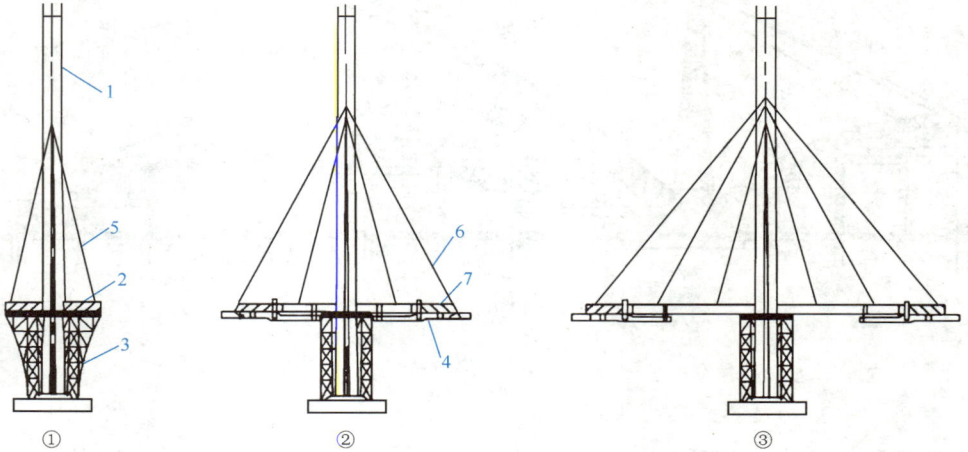

图4-33　悬臂浇筑法

1—索塔；2—0号块；3—现拼支架；4—前支点挂篮；5—斜拉索；6—前支点斜拉索；7—1号块

【创新案例】

海上天路——港珠澳大桥桥岛隧超级组合

港珠澳大桥筹备六年，建设九年，总历时十五年，总投资超1000亿元，2018年建成通车，是当前世界上规模最大、标准最高、最具挑战性的跨海桥梁工程，是我国从"桥梁大国"迈向"桥梁强国"的一座里程碑，港珠澳大桥概貌如图4-34所示。

图4-34　港珠澳大桥概貌

港珠澳大桥由三座通航桥、一条海底隧道、四座人工岛和非通航孔连续梁式桥组成，是一个名副其实的超级组合。正是这样的一个桥岛隧的超级组合，让这座世界上最长的跨海大桥成为一条真正的"海上天路"。港珠澳大桥桥岛隧的集群工程，是一个举世瞩目的超级工程。举世瞩目的背后有若干挑战，而海底隧道是挑战中的挑战。

港珠澳大桥海底隧道施工有三个难点：第一是外海沉管隧道；第二是在中华白海豚核心保护区范围；第三是每天通过的船舶超过 4000 艘。所以，在建设过程以及运营过程中，通航安全是一个巨大的挑战。另外还有四个最：第一，是最长的沉管隧道，在此之前全世界还没有一条超过 4km 的沉管隧道工程；第二，是最大跨度的沉管隧道，港珠澳大桥工程之前，没有三车道跨境的说法；第三，是埋深最深的沉管隧道，海床下的埋深达到了 22m，港珠澳大桥沉管隧道实施之前，沉管埋深一般是 2m；第四，是全世界体量最大的沉管隧道，之前全世界的沉管隧道没有超过 5 万吨的，而港珠澳大桥的沉管隧道约 8 万吨。

在外海环境下建沉管，我们国家是第一次，从零开始跨越。难以想象的压力考验着建设者们的创新能力。沉管的安装极具挑战，其中，15 号沉管两次失败回脱，花了一年的时间才安装成功。

外海沉管当中最困难的部分是水下接头。按照世界各国传统的方法，沉管隧道最后一节的水下拼装，至少需要 8~10 个月，我国使用自主研发的中国技术，只用了 14h 就完成了，而且不漏水不渗水。

港珠澳大桥在建设过程中，创新研发了一系列新技术、新材料和新装备，在多个领域填补了国家标准和行业标准的空白，形成了走向世界的"中国标准"。大桥设计研究形成了一批重大技术攻关成果，共获国内专利授权 53 项，编制标准、指南 30 项，获得软件著作权 11 项，出版专著 18 部，发表科技论文 235 篇。

4.5　桥梁和公路的发展前景

4.5.1　桥梁的发展前景

迄今为止，古今中外所有的桥梁按照构造和受力体系分类，大致可分为 8 种：刚架桥、拱桥、系杆拱桥、简支梁桥、连续梁桥、T 构桥、斜拉桥、悬索桥。桥梁的跨径代表着一个国家的经济、工业和科学技术的整体水平。随着经济的快速发展，我国与世界各国的联系越来越紧密，尤其加入 WTO 之后，我国的经济正在与世界全方位地接轨。随着工程技术的深入研究与发展，我国的桥梁建设事业一定会取得非常辉煌的成果。

自从桥梁出现以来，其跨径一直在不断地加大。从几米的小桥发展到现今主跨一千多米的特大桥，体现了人类改造自然的能力在不断提升。21 世纪，由于跨海工程的出现，桥梁正向着更大跨径的方向发展。21 世纪桥梁将实现大跨、轻质、灵敏、环保的目标。桥梁主体传统材料将被高强度轻质太空材料取代。高强度铝合金、玻璃钢、碳纤维等太空材料将取代当代的桥梁钢、混凝土而成为桥梁建筑的主体材料，实现轻质目标；不同类型轻质材料组合拼装的各类新型斜拉桥、悬索桥、轻质拱桥将一跨而过大川、巨流或小海湾，实现 1500m 以上大跨目标。21 世纪桥梁将"头脑"灵敏，"感觉"敏捷。桥梁上装配的计算机系统、传感器系统将可以感知风力、气温等天气状况，同时可以随时通过自动监测和管理系统保证桥梁的安全和正常运行，一旦发生故障或损伤，将自动报告损伤部位和养护对策。

今后建桥应从结构体系、建材和施工方法等方面来考虑桥梁对环境的影响。例如，在山区建桥更应该照顾山体和植被；在选用建材时应使用对环境影响（能耗及 CO_2 气体的排放量）小的材料。同时，21 世纪的桥梁结构必将更加重视建筑艺术造型，重视桥梁美学和景观设计，重视环境保护，达到人文景观同环境景观的完美结合。

4.5.2 公路的发展前景

总体公路投资建设速度虽呈减缓趋势，但等级公路建设力度加大。截至 2030 年，预计我国公路网总规模将达到 580 万 km。以 2015 年底我国公路总里程 457.7 万 km 为基数，截至 2030 年我国年均新增公路里程约 8.15 万 km，较 2010～2015 年的年均新增里程数 11.38 万 km 有所降低。但是，等级公路建设总量，尤其是二级及以上高等级公路，将维持较快的建设速度。

1. 公路改扩建市场广阔

随着我国高速公路建设事业的快速发展、客运和货运量的增加，不少先期建成路段由于设计标准较低、超期服役等原因，已经无法适应目前大交通量的需求，面临着改建、扩建、提升路面等级等问题。

改扩建一条公路的投资成本较高，且对公路工程咨询需求也更高，未来公路改扩建工程咨询业务市场空间广阔。

2. 特长隧道、特大桥梁等高技术等级项目比重加大

根据交通运输部《公路水路交通行业发展统计公报》，公路桥梁数量由 2010 年的 65.81 万座增加到 2015 年的 77.92 万座，年复合增长率 3.44％；公路隧道数量也由 2010 年的 7384 处增加到 2015 年的 14006 处，年复合增长率 13.66％。其中，代表高设计水准的特大桥梁数量由 2010 年的 2051 座增加到 2015 年的 3894 座，年复合增长率 13.68％；特长隧道数量也由 2010 年的 265 处增加到 2015 年的 744 处，年复合增长率 22.93％。

3. 综合交通运输体系建设逐步完善

综合交通运输体系最核心的任务之一就是实现各种运输方式之间，以及城乡交通之间的有机衔接、协调运转。虽然我国综合交通网的覆盖广度与通达深度不断提高，但各种运输方式之间的有效衔接尚未完全形成，综合交通枢纽和一体化服务发展滞后。因此，在加大各运输方式基础设施投资建设的基础上，综合交通枢纽已经成为我国综合交通运输体系实现"无缝""连续""零换乘"和"一体化"目标的重要基础性支撑要素。

4. 未来智能交通系统市场空间广阔

智能交通系统是将先进的信息技术、数据通信传输技术、电子传感技术、控制技术及计算机技术等有效地集成运用于整个地面交通管理系统而建立的一种实时、准确、高效的新型运输管理系统。

5. 绿色交通趋势将强化交通基础设施建设

随着科学技术的不断创新、国家政策的强力支持，绿色交通将成为交通运输发展的趋势，节能减排、绿色交通将成为交通发展的关键词。

在交通基础设施上，绿色交通需要强化以下方面：第一，按照综合交通运输体系发展战略规划要求，实现相互衔接、畅通成网，推进各种运输方式协调发展，凸显整体优势和集约效能。加强综合交通枢纽及其集疏运配套设施建设，实现客运"零距离换乘"和货运"无缝衔接"。推动以公共交通为导向的城市发展模式，加快城市轨道交通、公交专用道、快速公交系统（BRT）等大容量公共交通基础设施建设。第二，节约能源资源要求贯彻到交通基础设施规划、设计、施工、运营、养护和管理全过程。在项目立项、初步设计、施工及验收各阶段，认真贯彻国家关于固定资产投资项目的节能要求。第三，优化设计，加强综合交通枢纽用地的综合立体开发。

【创新思考与创新实践】

创新实践是将创新思考转化为实际成果的关键。作为新时代的大学生，尤其是从事建设工程领域方面的工科生，肩负着推动基础设施建设创新发展的重要使命。近年来，随着智能化技术的发展，人工智能、大数据等先进技术已经逐步应用于道路与桥梁的设计及施工当中。通过大数据的分析和处理，能够更准确地预测工程的安全性、耐久性和使用寿命，从而建设出更加科学合理、经济实用的道路与桥梁。

请认真学习附录的实战案例，根据本模块所学内容，在大学期间，利用课余时间参加一项有关道路与桥梁方面的创新创业训练项目，将所学知识运用到实际工程中。

13. 榜样力量

14. 创新创业
小故事

学生综合学习评价表

评价维度	评价项目	评价指标	学生自评	同伴互评	教师评价
知识	基础性知识	1. 掌握基本概念，如公路、桥梁等名词术语			
		2. 掌握公路、桥梁常见的施工方法			
	方法性知识	1. 学会将相关专业知识系统整合，找到解决工程实际问题的方法			
		2. 主动学习并掌握与本模块内容相关的新概念、新名词			
	创新性知识	1. 了解当前我国公路与桥梁工程取得的创新与突破技术			
		2. 开展公路与桥梁工程方面有关的创新实践活动			
		3. 提出公路与桥梁建设过程中的新设计、新工艺、新方法			
能力	语言表达	回答问题言简意赅、有理有据、论证信息正确且充足			
	搜集整理	搜集到足够的学习资料，并提取精华			
	创新思维	能提出独特的观点，主动发现新问题，提出新想法			
综合	自我反思				
	教师评语				

课后习题

1. 公路的特点与作用是什么？
2. 填方路堤与挖方路堑施工工艺顺序分别是什么？
3. 路堑纵向挖掘施工方法是什么？
4. 简述沥青路面施工工艺及施工要点。
5. 桥梁构造与组成是什么？
6. 桥梁的分类与形式有哪些？
7. 桥梁常见的施工方法有哪几种？

模块 5　高 速 铁 路

模块导读

　　高速铁路以其速度快、安全性好、正点率高、全天候运行、舒适方便、输送能力大、能耗低、污染轻等一系列技术优势，已成为日本、德国、美国、意大利、西班牙、韩国等发达国家和地区旅客运输发展的共同趋势。本模块了解高速铁路发展的基本概念、发展历程。掌握高速铁路的组成和施工方向，熟悉高速铁路的发展前景。

知识目标

　　了解高速铁路的概念及发展阶段和历程；掌握高速铁路的特点及意义；熟悉高速铁路的基础设施；熟悉高速铁路的技术标准体系；了解高速铁路的发展对国内外的影响及发展展望。

能力目标

　　能熟练描述高速铁路的特点及意义；能提出高速铁路可发展的方向。

素质目标

　　培养爱国主义情怀；培养学生与自然和谐相处的理念；培养学生创新意识。

5.1　高速铁路发展概述

5.1.1　高速铁路及高速列车

1. 高速铁路定义

国际上对高速铁路的定义尚无统一标准。1970 年日本政府第 71 号令对高速铁路的定义为：凡在一条铁路的主要区段上，列车的最高运行速度达到 200km/h 及以上的干线铁路。1985 年欧洲经济委员会在日内瓦签署国际铁路干线协议规定：高速铁路是指列车最高运行速度达到 300km/h 及以上的客运专线或最高速度达到 250km/h 及以上的客货混用线。1996 年国际铁路联盟（UIC）的定义是：最高速度至少达到 250km/h 的专用线或最高速度达到 200km/h 的既有线。欧洲早期组织即国际铁路联盟 1962 年把旧线改造速度达 200km/h、新建速度达 250～300km/h 的列车定为高铁；1985 年日内瓦协议作出新规定：新建客货共线型高铁速度为 250km/h 以上，新建客运专线型高铁速度为 350km/h 以上。中国国家铁路局颁布的《高速铁路设计规范》TB 10621—2014（2024 年版）文件中将高铁定义为新建设计速度为 250km/h（含）至 350km/h（含）、运行动车组列车标准轨距的客运专线铁路。目前对高速铁路比较一致的定义是：最高行驶速度在 200km/h 以上、旅行速度超过 150km/h 的铁路系统。高速铁路可分为轮轨技术和磁悬浮技术两大类轨道运输系统。轮轨技术有非摆式车体和摆式车体两种；磁悬浮技术有超导排斥型和常导吸引型两种。就目前而言，世界各国的高速铁路都以非摆式车体的轮轨技术为主。

2. 等级划分

在国际上，专家们做学术研究时，对铁路列车的运行速度等级划分采用速度分类的八档法。

（1）常速：速度 120km/h 以下。

（2）快速：速度 120～160km/h。

（3）准高速：160～250km/h。

（4）高速：250～400km/h。

（5）更高速：400km/h 以上。

（6）特高速：600km/h 以上。

（7）音速：1000km/h 以上。

（8）超音速：1260km/h 以上。

3. 高速列车的定义

高速列车是指以最高速度 200km/h 以上运行的列车。高速列车可以是由机车牵引客车组成的列车，也可以是由动车组组成的列车，称为高速动车组。严格地说，高速列车含义更广泛，它不但包括轮轨式列车，还包括磁悬浮列车等。

动车组是指由两辆或两辆以上带动力的车辆（动车）和不带动力的客车（拖车）固定编组在一起的列车。

5.1.2 世界高速铁路的发展阶段

铁路是人类发明的首项公共交通工具，19 世纪初期便在英国出现。在 20 世纪前期，火车"最高速率"超过速度 200km/h 者寥寥无几。1964 年开通的日本新干线系统是历史上第一个实现"营运速率"高于速度 200km/h 的高速铁路系统。

截至目前，全球投入运营的高速铁路近 7.6 万 km，分布在中国、日本、法国、德国、意大利、西班牙、比利时、荷兰、瑞典、英国、韩国等国家。高速铁路作为一种安全可靠、快捷舒适、运载量大、低碳环保的运输方式，已经成为世界交通业发展的重要趋势。

世界高速铁路的发展，大体经历了三个阶段。

第一次浪潮：1964～1990 年，为高速铁路发展初期，1959 年 4 月 5 日，世界上第一条真正意义上的高速铁路——东海道新干线在日本破土动工，经过 5 年建设，于 1964 年 3 月全线完成铺轨，同年 7 月竣工，1964 年 10 月 1 日正式通车。东海道新干线从东京起始，途经名古屋、京都等地，终至（新）大阪，全长 515.4km，运营速度高达 210km/h，它的建成通车标志着世界高速铁路新纪元的到来。以日本为首，相继研究修建高速铁路的国家有法国、意大利、德国等，建成高速铁路近 3000km。主要有：日本的东海道、山阳、东北和上越新干线，法国的东南 TGV 线、大西洋 TGV 线，意大利的罗马至佛罗伦萨线以及德国的汉诺威至维尔茨堡高速新线，高速铁路总里程达 3198km。这期间，日本建成了遍布全国的新干线网的主体结构，在技术、商业、财政以及政治上都取得了巨大的成功。

第二次浪潮：1990～1995 年，法国、德国、意大利、西班牙、比利时、荷兰、瑞典、英国等欧洲大部分发达国家，大规模修建该国或跨国界高速铁路，逐步形成了欧洲高速铁路网络。这一时期建成高速铁路约 1500km，欧洲的法国、德国、意大利、西班牙、比利时、荷兰、瑞典和英国等最为突出。1991 年瑞典开通了 X2000 摆式列车；1992 年西班牙引进法国和德国的技术建成了 471km 长的马德里至塞维利亚高速铁路；1994 年英吉利海峡隧道把法国与英国连接在一起，开创了第一条高速铁路国际连接线；1997 年，从巴黎开出的"欧洲之星"列车又将法国、比利时、荷兰和英国等连接在一起。在这期间，日本、法国、德国以及意大利对发展和完善高速铁路网也进行了周密和详尽的规划，对原有高速铁路网进行了大规模扩建。这次浪潮，不仅仅是铁路提高内部企业效益的需要，更多的是国家能源、环境、交通政策的需要。

第三次浪潮：从 1995 年至今，研究修建高速铁路的国家又迅速扩展，有人称其为第三次浪潮，形成了世界交通运输业的一场革命性的转型升级。正在修建和规划修建高速铁路的国家和地区达 20 多个，北美、澳洲、亚洲及整个欧洲出现"铁路复兴运动"，美国、加拿大、印度、俄罗斯、捷克等国都积极筹建高速铁路，有些国家和地区已形成高速铁路网。在亚洲（韩国、中国）、北美洲（美国）、澳洲（澳大利亚）世界范围内掀起了建设高速铁路的热潮。主要体现在：一是修建高速铁路得到了各国政府的大力支持，一般都有了全国性的整体修建规划，并按照规划逐步实施；二是修建高速铁路的企业经济效益和社会效益，得到了更广层面的共识，特别是修建高速铁路能够节约能源、减少土地使用面积、减少环境污染、交通安全等方面的社会效益显著，以及能够促进沿线地区经济发展、加快产业结构的调整等。对高速铁路开展前期研究和初步实践的国家还有土耳其、美国、加拿大和印度等。1998 年 10 月在德国召开的第三次世界高速铁路大会上学者预言，高速地面交通系统有全球化的趋势，21 世纪将是高速铁路大发展的世纪。如今已经出现了很多先进的高速列车，如法国 TGV、德国 ICE、具有美国特色的高速列车 Acela 以及 TR1 型磁悬浮，上海磁悬浮采用的就是最新的 TR8 型。此外，还有改进机车牵引系统的摆式列车等。

【创新案例】

京张高铁大直径盾构复杂环境穿越技术

15. 拓展阅读

　　2019 年 6 月 12 日上午，京张高铁历时 7 个月完成了全线铺轨，京张高铁是京津冀协同发展的重要基础工程，是北京冬奥会重要交通保障设施，被誉为中国铁路发展"集大成者"、智能高铁示范工程。世界首条智能铁路——京张高铁开通运营，首次实现了速度 350km/h 自动驾驶。

　　京张高速铁路封闭式声屏障是国内首个混凝土框架结构封闭式声屏障工程，全长 2.43km/h，可避免紫外线、酸性腐蚀等环境影响，从而降低维护成本。此外，该封闭式声屏障吸声墙进行外部装修工作时融入老京张铁路元素，外观采用体现清华园站牌坊风格的灰砖和拱窗。北京至张家口高速铁路工程是中国第一条采用自主研发的北斗卫星导航系统、速度 350km/h 的智能化高速铁路，也是世界上第一条设计速度 350km/h 的高寒、大风沙高速铁路。京张铁路建设中的清河综合交通枢纽如图 5-1 所示。

　　根据地质情况，清华园隧道建设方联合研制了两台泥水平衡盾构机，借助中国首个大盾构智能控制中心，成功应用 BIM 技术、三维可视化监控、盾构云平台指挥、自动化监控量测等措施，实现了智能模拟、精准预测、提前预警、实时修正，克服了盾构超浅埋始发接收、超近穿越重要建（构）筑物等难题。

图 5-1　京张铁路建设中的清河综合交通枢纽

5.1.3 国内高速铁路发展历程

中国高速铁路起步较晚，前期工作走过了不平坦的道路。围绕着中国是否需要发展高速铁路、是否有国力修建高速铁路和怎样修建高速铁路的问题，经过十多年的反复研讨论证，轮轨体系高速铁路"浮出水面"。中国是一个人口众多、幅员辽阔、资源分布与工业布局错位的大陆性国家，必须强化符合可持续发展要求的铁路运输。铁路是我国的大动脉，是综合交通运输体系的骨干，对国家的发展具有不可替代的作用。为从根本上突破制约经济社会发展的"瓶颈"，必须加快铁路建设，特别是在运能紧张的繁忙干线实行客货分线运行、建设客运专线，发展高速铁路。我国目前无论是经济实力，还是科技实力，都能为建设高速铁路提供强有力支持。因此，中国发展高速铁路不仅是必要的，而且是可能的，更是迫切需要的。通过各种工程实践，中国高速铁路技术不断完善和提高。在新建高速铁路项目由于种种原因未获批准的情况下，铁道部从形势发展和市场需要出发，做出在繁忙干线进行既有线提速的决定。从 1997 年至 2007 年，铁道部先后成功组织了 6 次繁忙干线大提速，把既有线列车最高运行速度从 120km/h 提高到 140～160km/h，2007 年有些干线区段提高到 200～250km/h。这是我国铁路实施内涵扩大再生产、实现运输能力快速扩张的重要举措，也可以看成是在技术、设备和管理上为建设高速铁路进行的前期准备。秦沈铁路在 2002 年底试运行时列车速度达 160km/h 以上，为高速铁路的设计、施工进行了探索。先期修建山海关至绥中综合试验段 66.8km，为高速列车试验提供实际场地。尤为重要的是，2008 年 8 月 1 日京津城际铁路开通运营，列车最高运行速度达 350km/h，实现了高速度、高密度、高舒适度、高可靠度的目标，标志着中国已跨入高速铁路时代，成为世界高速铁路的新里程碑。京津城际铁路通车一年，共运送旅客 1870 万人次。京津城际铁路树立起铁路的崭新形象，显现巨大的综合效应，取得良好经济效益和社会效益。京津城际铁路使我国高速铁路技术跃上世界一流水平。

2016 年，科技部在"十三五"国家重点研发计划"先进轨道交通"重点专项中率先启动"400km/h 及以上高速客运装备关键技术"。2020 年 10 月 21 日，"先进轨道交通"重点专项——400km/h 跨国互联互通高速动车组在中车长春轨道客车股份有限公司上线。列车设计运营速度 400km/h，并且能够在不同气候条件、不同轨距、不同供电制式标准的国际铁路间运行，具有节能环保、主动安全、智能维护等特点。

16. 知识链接

《中华人民共和国 2021 年国民经济和社会发展统计公报》显示：2021 年新建高速铁路投产里程 2168km。

2022 年 8 月 30 日，中国首条跨海高铁——新建福厦高铁全线铺轨贯通。同年 10 月 31 日，世界最长海底高铁隧道——甬舟铁路金塘海底隧道开工建设；11 月 30 日，世界最长高速铁路跨海大桥——南通至宁波高速铁路杭州湾跨海铁路大桥正式开工建设。中国进入跨海高铁时代。截至 2022 年底，全国新建铁路投产里程 4100km，其中高速铁路 2082km。

2023 年政府工作报告指出：过去五年，高速铁路运营里程从 2.5 万 km 增加到 4.2 万 km。2023 年 8 月 10 日，央视网消息：截至目前，中国"八纵八横"高铁网主通道已建成投产 3.53 万 km，占比约 77.83%；开工在建 7025km，占比约 15.49%。

5.1.4 高速铁路的特点及意义

1. 特点

速度快、旅行时间短；能耗低；列车密度高、运量大；乘坐舒适性好；土地占用面积小；环境污染小；外部运输成本低；列车运行正点率高；安全可靠；不受气候影响，全天候运行；社会、经济效益好。

2. 发展高速铁路的意义

高速铁路是世界铁路的一项重要成就，它集中反映了一个国家铁路线路结构、列车牵引动力、高速运行控制、高速运输组织和经营管理等方面的技术进步，也体现了一个国家的科技和工业水平。

高速铁路是社会经济发展和运输市场竞争的需要，它促进了地区经济和城市一体化进程，在经济发达、人口密集地区的经济效益和社会效益尤为突出。

5.2 高速铁路的组成

17. 拓展阅读

5.2.1 高速铁路基础设施

1. 高速铁路线路

（1）高速铁路线路的特征

① 高平顺性：是设计、建设高速铁路的控制性条件，也是高速铁路有别于中、低速铁路的主要特点之一。因此，必须从线形、路基、道床、钢轨、桥梁等方面采取保证措施以实现高平顺性要求。

② 高稳定性：稳定、沉降小且沉降均匀的平顺路基是高平顺性轨道的基础。路基的稳定性主要靠控制路基工后沉降、不均匀沉降以及路基顶面的初始不平顺来保证。

③ 高精度、小残变、少维修：严格控制轨道铺设精度是实现轨道初始高平顺的保证。

④ 宽大、独行的线路空间。

⑤ 高标准的环境保护。

⑥ 开通运营之日，列车即以设计速度运行。

⑦ 运营中，实行科学的轨道管及严密的防灾安全监控。

（2）高速铁路对线路平面的要求

线路平面由直线和曲线组成。曲线一般能较好地适应地形变化，减少施工工作量。轨道的高平顺性，要求其空间线路曲线尽可能平滑，即线路平纵断面的变化尽可能平缓。正线线路的平面圆曲线半径应因地制宜、合理选用。优先选用常用曲线半径，慎用最小和最大曲线半径。必要时可采用最大与最小曲线半径（表 5-1）间 100m 整倍数的曲线半径。由于列车在高速通过弯道时因离心力作用向弯道的外侧产生横向力，易导致外翻，为了保证列车的行驶安全，在铁路的设计和建造时，国家《铁路技术管理规程（高速铁路部分）》对不同速度等级的铁路规定了车辆可以安全通过的圆曲线的最小半径，即线路的最小曲线半径。高速铁路和平原地区干线铁路一般比较平直，可用较大的曲线半径；山区铁路、工厂支线、车辆段道岔的咽喉区、编组站、城市地铁等受地形的制约较大的地段，只能使用较小的曲线半径，因此列车必须限速通过。

铁路区间线路最小曲线半径　　　　　　　　　　　表 5-1

路段设计行车速度（km/h）		最小曲线半径（m）	
200	客运专线	一般	2200
		困难	2000
250	有砟轨道	一般	3500
		困难	3000
	无砟轨道	一般	3200
		困难	2800
300	有砟轨道	一般	5000
		困难	4500
	无砟轨道	一般	5000
		困难	4000
350	有砟轨道	一般	7000
		困难	6000
	无砟轨道	一般	7000
		困难	5500

（3）线路纵断面要求

坡度的设计应适应地形，合理选用。区间正线的最大坡度应根据地形条件和动车组功率，经牵引计算验算并经技术经济比选分析后确定。竖向离心力和竖向离心加速度对列车运行的安全性和旅客舒适性有影响。因而，竖曲线半径取决于列车运行的安全性、旅客乘坐的安全性以及旅客乘坐的舒适性要求。最大竖曲线半径不得大于 40000m。

2. 高速铁路路基

（1）高速铁路路基的结构

路基是轨道的基础，也叫线路下部结构，承受轨道和车辆荷载，主要由以下三部分组成。

路基本体：在各种路基形式中，为了能按线路设计要求铺设轨道而构筑的部分，称为路基本体。路基本体由路基顶面、路肩、基床、边坡、基底几部分构成，是直接铺设轨道结构并承受列车荷载的部分，如路堤、路堑等。

路基防护和加固建筑物：属于路基的附属建筑物，是为确保路基的稳固性而采用的必要的经济合理的附属工程措施。路基防护设备用于防止或削弱风霜雨雪、气温变化及流水冲刷等各种自然因素对路基体所造成的直接或间接的有害影响。常用的防护设备是坡面防护和冲刷防护。路基加固设备是用于加固路基或地基的工程设施。

路基排水设备：属于路基的附属建筑物，路基的排水设备分地面排水设备和地下排水设备两种。地面排水设备用于拦截地面径流，汇集路基范围内的雨水并使其畅通地流向天然排水沟谷，以防止地面水对路基的浸湿、冲刷而影响其良好状态。地下排水设备用于拦截、疏导地下水和降低地下水位，以改善地基土和路基边坡的工作条件，防止或避免地下水对地基和路基的有害影响，如排水沟、侧沟、天沟等。

（2）高速铁路路基的特点

① 高速铁路路基是一个多层结构系统。

② 控制变形是轨下系统（路基）设计的关键。

（3）高速铁路对路基的要求及处理措施

① 对路基的要求：路基要达到高速铁路轨道高平顺的要求，同时必须满足高速铁路对工后沉降的要求。必须严格控制路基的不均匀沉降以及初始不平顺。

② 处理措施：提高路基填筑标准且强化基床结构；将路基作为土工机构物进行设计与施工，对填筑材料、压实标准、变形控制、检测要求等较现行铁路标准有很大提高；强化基床结构，特别是基床表层；严格控制路基沉降变形，高速行车需要高度平顺和稳定的轨下基础，控制变形是高速铁路路基设计的关键。路基沉降变形主要包括三个方面：列车行驶中路基面产生的弹性变形，长期行车引起的机床累积下沉（塑性变形），路基本体填土及地基的压缩下沉。《客运专线路基设计暂行规定》中规定：300km/h、350km/h 路基工后沉降量一般地段不应大于 5cm（路桥过度 3cm），沉降速率应小于 2cm/年；250km/h 路基工后沉降量一般地段不应大于 10cm（路桥过度 5cm），沉降速率应小于 3cm/年；桥台台尾过渡段路基工后沉降量不应大于 3cm；无砟轨道路基工后沉降量一般地段不应小于 2cm。

3. 高速铁路桥梁

高速铁路桥梁除了满足一般铁路桥梁的要求外，还需满足一些特殊的要求。这是因为列车在高速行车条件下桥梁结构的动力响应加剧，对列车的安全性、旅客乘坐的舒适度、荷载的冲击、材料的疲劳、列车的运行噪声、结构的耐久性等产生不利的影响。高速铁路桥梁作为轨道的下部结构，应具有良好的刚度和整体性、高平顺性、高稳定性、高可靠性和耐久性等，外形构造简洁合理，力求标准化，便于施工和控制建造质量，减少维修工作量。同时，应强调结构与环境的协调，减小运营噪声，重视生态环境保护。

（1）高速铁路桥梁的组成

高铁桥梁的基本构成可以分为以下三个部分。

上部结构：上部结构也叫桥跨结构，是桥梁跨越障碍空间的部分，可以是梁、拱或索结构。按照上部结构的不同可对桥梁进行分类，如梁式桥、拱桥、斜拉桥、悬索桥等。上部结构和下部结构之间一般还有一个特殊结构，称为支座，支撑着梁或拱，工程师一般把支座归属于上部结构。

下部结构：下部结构指桥梁支座以下的支撑，包括桥墩、桥台以及深埋地下的基础结构。桥台设在桥梁的两端，与路堤衔接，以防止滑塌，桥墩则在两桥台之间。

附属结构：桥梁除了上部结构和下部结构外，还包括一些配套的结构或设备，称为附属结构，如锥形护坡、桥墩的防撞结构、检修通道等。

（2）高速铁路桥梁的分类

高速铁路桥梁一般按照上部结构受力体系分类，可分为以下几种：

梁式桥：梁式桥上部结构为梁体；梁体为主要的承重结构，是桥梁主要的受弯构件；在高速列车等荷载作用下，梁会产生竖向的弯曲变形，而桥梁顺桥向能自由伸缩。

拱桥：拱桥上部结构为拱式结构，在高速列车等荷载作用下，拱主要受压。现在虽然有很多新颖的拱桥结构，但拱桥受力形式仍然以拱身受压为主。

刚架桥：刚架桥与梁桥相似，唯一不同的是桥墩和梁体之间整体相连，没有支座结构。由于没有支座，桥梁顺桥向不能自由伸缩，其纵向变形靠桥墩实现，这样的桥梁主体除了受弯，还会受压。施工方法以悬臂施工为主。

斜拉桥：斜拉桥由桥塔、加劲梁体和斜拉索组成。斜拉桥的跨度很大，它主要把桥面的荷载通过斜拉索传给索塔。主梁类似于多点支撑的连续梁，索塔以受压为主，斜拉索承受拉力。施工方法主要有悬臂施工法、支架法、顶推法等。

悬索桥：也称吊桥，主要由桥塔、大缆、吊索、加劲梁、锚碇等组成，其特点是竖向荷载作用于吊索使大缆承受拉力，并把大缆锚于悬索桥两端的锚碇结构中。

（3）高速铁路桥梁的特点

中小跨度的桥梁数量多。由于高速铁路对线路、桥梁、隧道等土建工程的刚度要求严格，因此，高速铁路桥梁跨度以中小跨度为主。以京沪高速铁路上的桥梁为例，绝大多数为中小跨度，常用桥式为等跨布置的双线整孔简支梁，跨度有 24m、32m、40m 三种，以 32m 梁居多。

桥梁的刚度大、整体性能好。高速铁路桥梁必须具有足够大的刚度和良好的整体性，以防止列车运行过程中桥梁出现较大挠度和震动幅度。所以，尽管高速铁路列车质量小于普通列车，但高速铁路桥梁在梁高、梁重上均超过普通铁路。

混凝土桥梁多。由于维修、养护等方面的原因，为了提高高铁桥梁的耐久性，大多采用混凝土桥梁。

4. 高速铁路隧道

高速铁路隧道与普速铁路隧道不同。当列车以高速通过隧道时，原来占据空间的空气被排开，空气的黏着性以及隧道壁面和列车表面的摩擦作用使被排开的空气不能像在隧道外那样及时、顺畅地沿列车两侧和上部形成绕流，而是列车前方的空气受到压缩，列车后方形成一定的负压，从而产生一个压力波动的过程。这种压力波动以声速传播至隧道口，形成反射波，再发生回传、叠加，进而产生一系列复杂的空气动力学效应。对行车安全性、旅客舒适度及洞口环境等均产生不利影响。据研究，当列车以 200km/h 以上的速度通过隧道时，这种不利影响十分明显。因此，区别于普通隧道，高速铁路隧道的设计要着重考虑列车空气动力问题。理论和试验研究表明，为降低隧道空气动力效应的影响，一般采取以下技术措施：扩大隧道断面净空和减小阻塞比；改变隧道入口形式以减低瞬变压力和微气压波在洞口附近引起的噪声干扰；设置通风竖井；修建平行辅助隧道；提高隧道工程质量。

【创新案例】

长青万米高风险隧道施工工法

2024 年 6 月 12 日，我国严寒地区大断面高速铁路隧道施工采用研发的隧道施工新装备、新工艺等一套新技术新工法，使沈白高铁控制性工程长青万米高风险隧道提前顺利贯通。高速铁路隧道施工现场如图 5-2 所示。

长青隧道全长 11316.08m，为单洞双线隧道。该隧道设置斜井和疏散通道各两座，最大埋深达 320m，最大开挖跨度 19m，为超大跨度隧道；最大开挖断面达 224m²，为全线最大开挖断面。地质构造复杂，出口段地势陡峭、危岩落石分布广泛，施工难度大。

图5-2 高速铁路隧道施工现场

中铁二十三局项目团队通过联合研发采用隧道斜井防溜车系统、自主研发大断面隧道加宽段衬砌施工工法等手段，将原疏散通道进洞优化为"Z"字形运输通道直接进入正洞

图5-3 施工中采用台阶法

施工，有效缩短了工期。隧道掘进施工中，采用三台阶法、台阶法及双侧壁导坑法施工，实现长隧短打，如图5-3所示；研发的隧道加宽段衬砌施工台车，加快了隧道加宽段衬砌的施工；研发的"智能型混凝土振捣装置"设置了环形漏孔挡板及调位机构、延时续电器，有效提高了混凝土振捣质量；研发的"隧道衬砌拱顶带模注浆装置"有利于提高注浆速度和质量。沈白高铁位于我国辽宁省东部和吉林省南部，正线起自沈阳北站，终至长白山站，全长430.1km，设计速度350km/h，是国家中长期铁路网东北快速铁路通道的重要组成部分，也是东北东部地区客运主通道，预计2025年全线建成。

5. 高速铁路轨道结构

（1）分类及特点

高速铁路轨道结构的主要类型有有砟轨道和无砟轨道。国外高速铁路的运行经验和试验研究表明，列车速度达到300km/h时，有砟轨道仍能保证列车的安全运行。法国、日本和德国的高速铁路除了无砟轨道还有有砟轨道，有砟轨道具有弹性良好、价格低廉、更换与维修方便、吸噪特性好等优点。但其不足之处是在列车荷载反复作用下，轨道的残余变形积累很快，并且沿轨道纵向分布又是很不均匀的，从而导致轨道高低不平顺，影响旅客乘坐的舒适性，增大轨道养护维修的工作量。

18. 拓展阅读

高速度、高密度、长距离跨线运输是我国高速铁路的主要运营特点。为满足行车安全、乘车舒适和准点行车的要求，铁路线路必须具有结构连续、平顺、稳定、耐久和少维修的性能，因此，采用无砟轨道技术是必要的。无砟轨道具有维修费用少、使用寿命长、线路状况良好、不易胀轨跑道、高速行车时不会有石砟飞溅等优点。

（2）高速铁路对轨道的要求

① 稳定的轨道结构：高速铁路对轨道结构的设备和材质都有更高、更强的要求，轨

道各部件的静力强度已不是对轨道整体结构承载能力起控制作用的因素。

② 平顺的运行表面：为保证列车高速运行的需要，要求轨道必须提供平顺的运行表面。

③ 良好的轨道弹性：高速铁路轨道结构具有良好的弹性十分重要，轨道具有良好的弹性，不仅可以使轨道具有较强的抗振动与抗冲击能力，而且有利于减少噪声干扰。因此，轨道结构具有良好的弹性是各国高速铁路追求的目标。

④ 可靠的轨道部件。

⑤ 便利的养护维修。

（3）无砟轨道的组成

无砟轨道由钢轨、扣件、道岔和轨下基础组成。

① 钢轨：支承并引导车辆的车轮，直接承受来自车轮和其他方面的力并传递给轨枕，同时为车轮的滚动提供阻力最小的表面。高速铁路钢轨在技术上要能保证足够的强度、韧性、耐磨性、稳定性和平顺性，在经济上要能保证合理的大修周期，减少养护维修工作量。

② 扣件：是连接钢轨和轨枕使之形成轨排的部件，在保证轨道稳定性、可靠性方面起着重要作用。

③ 道岔：是轮轨相互作用中一切最不利因素的集中载体。因此，高速道岔的使用环境，要比高速铁路区间轨道复杂得多。高速道岔应满足如下基本要求：

强度和稳定性：高速铁路道岔必须具备保障列车按规定的速度平稳安全地行走所必要的强度和稳定性。

可操作性、经济性、坚固耐用性：高速铁路道岔必须满足制造和运营中的可操作性、经济性以及坚固耐用性。

④ 轨下基础：是取消道砟后的各种类型的混凝土道床，比如板式道床、现浇混凝土道床等。

（4）无砟轨道的优缺点

① 优点：消除由于散粒体道砟的破碎、粉化、道床的形变而导致轨道几何形态恶化和日益增加的轨道维修工作量。整体化轨下基础给轨道提供更为强大的纵、横向阻力，提高轨道的稳定性。在刚性整体混凝土底座上安装橡胶垫板、橡胶靴套或现场浇筑的 CA 砂浆垫层等弹性元件的轨道弹性比在土路基上的碎石道床提供的轨道弹性更具均匀性。

② 缺点：散粒体碎石道床可通过起、拨、捣作业，方便对轨道几何形态的变化进行整治和修理。无砟轨道为刚性基础，其轨道整体弹性差。无砟轨道的基础一旦出现变形或破坏，其整治和修复相对困难。无砟轨道的工程费用比有砟轨道高。

（5）无砟轨道的类型

① 板式无砟轨道：由钢轨、扣件、预制混凝土轨道板、乳化沥青水泥砂浆调整层（简称 CA 砂浆调整层）、混凝土凸形挡台及混凝土底座等部分组成。

② 双块式无砟轨道：由钢轨、扣件、双块式轨枕、道床板、底座等部分组成。

③ 长枕埋入式无砟轨道：由整体式混凝土枕和现场浇筑的混凝土道床组成，包括钢轨、扣件、穿孔混凝土枕、混凝土道床和混凝土底座。

（6）高速铁路轨道检测与维护

高速铁路轨道不平顺的维修管理工作，仍应坚持预防为主、管小防大的原则。包括高速铁路轨道不平顺的安全管理（紧急补修和限速管理）、轨道不平顺的预防性计划维修管理和轨道不平顺的日常养护管理。高速轨道几何状态检测车及辅助检测设备包括高速轨道检查车、轻型轨道不平顺检测小车、车体振动加速度检测、轨面短波不平顺检测、长波不平顺检测。

5.2.2 高速铁路的集成

1. 高速铁路系统构成

高速铁路系统由工务工程、牵引供电、列车运行控制、高速列车、运营调度、客运服务等子系统构成。

（1）工务工程系统

工务工程是一个庞大的系统，涉及路基、桥涵、隧道和轨道等专业工程，还涉及路基与桥梁的过渡、路基与隧道的过渡、桥梁与隧道的过渡以及路基和桥隧等线下基础与轨道结构的衔接等。与普速铁路相比，高速铁路采用了很多新技术和新工艺，因而设计和施工控制标准更高。为了达到高速铁路线路的运营要求，高速铁路工务工程系统既要为高速度运行的车辆提供高平顺性与高稳定性的轨面条件，又要保证线路各个组成部分具有一定的坚固性与耐久性，使其在运营条件下保持良好的状态。同时，要求建立严格的线路状态检测和保障轨道持久高平顺的科学管理系统。为满足列车的高速平稳运行，工务工程系统要求具备高平顺、高精度、小残变、少维修的轨道结构，高稳定性的轨下基础，宽大、独行的线路空间，高标准的环境保护，科学的轨道管理及严格的安全监控等。

（2）高速列车系统

高速列车是高速铁路的核心技术装备和实现载体，是当代高新技术的集成，涵盖了信息通信、电子电力、材料化工、机械制造、自动控制等多学科、多专业，是世界各国科学技术和制造产业创新能力、综合国力以及现代化程度的集中体现和重要标志。高速列车不仅包含传统的轨道列车的车体、转向架和制动技术，还有复杂的牵引传动与控制计算机网络控制、车载运行控制等关键技术。

（3）列车运行控制系统

高速铁路列车运行控制系统是集计算机、通信、自动控制技术为一体的综合控制与管理系统，其采用电子器件或微电子器件作为控制单元，并利用集中管理、分散控制的集散式控制方式，是保证列车运行安全、提高行车效率的关键组成部分。

（4）牵引供电系统

牵引供电系统是高速铁路系统的能力保障子系统，主要功能是为高速铁路列车运行控制提供稳定、高质量的电能。牵引供电系统一般由供电系统、变电系统、接触网系统、SCADA系统、电力系统等构成。总的来说，高速铁路电力牵引所需牵引功率更大，弓网作用关系更加复杂。与普通电气化铁路相比，高速铁路牵引供电系统具有两个特点：功率需求大，负荷电流大；交-直-交动车组功率因数高，谐波含量低。

（5）运营调度系统

运营调度系统是集计算机、通信、网络等现代化技术为一体的现代化综合系统，是铁路管理部门对运力资源进行动态调配，优化完成列车的计划、运行、设备维修等一系列任务的重要工具，是完成高速铁路运输组织特别是高速铁路系统日常运营的根本保证。运营调度系统涵盖运输计划管理、列车运行管理、动车管理、综合维修管理、车站作业管理、安全监控及系统维护等工作。调度指挥是围绕运输计划对资源进行动态调配的工作，反映出运输组织的具体执行过程，是铁路系统运转的中枢部位。调度模式的选取与运输组织特点、工作量大小和技术装备的水平有着密切的关系。

（6）客运服务系统

客运服务系统的主要功能是处理与旅客运输服务相关的事件，主要包括发售车票、信息采集、信息发布、日常投诉处理、紧急救助、旅客疏散、旅客赔付和客户关系管理等工作。此外，还可提供统计分析功能，为管理层提供决策参考。客运服务系统由订/售票铁路票务系统、自动检票系统、旅客信息服务系统、市场营销策划决策支持系统等构成。客运服务系统是直接面向旅客的系统，一流的运营管理要求客运服务必须达到较高的水平，这除了良好的管理制度以及高素质的运营服务人员外，还涉及票务管理技术、旅客服务技术、市场营销策划技术、客运组织技术等。系统集成是指在系统工程科学方法的指导下，根据项目需求优选各种技术和产品将各个分离的子系统连接成一个完整、可靠、经济和有效的整体，并使之能彼此协调工作，发挥整体效益，达到整体性能最优。高速铁路是信息技术、自动控制技术和新材料、新工艺等多种技术门类、多专业综合的高新技术集成，代表了当今世界铁路技术的最高成就。发达国家的实践表明，高速铁路具有很强的系统性，各子系统之间既自成体系，又相互关联、相互影响。高速铁路系统集成应注重各子系统间的标准匹配协调、接口设计协调、固定和移动设施匹配兼容，实现系统优化和有效运行。因此，在高速铁路建设中，必须尊重科学，尊重客观规律，高度重视系统集成工作，确保各子系统相互匹配、相互兼容、整体优化，协调运转高速铁路系统集成的目标：通过合理利用设计、施工、科研、管理、装备制造等资源，实现优化配置，使建设高速铁路这一庞大复杂的系统在技术上达到一流工程质量、一流装备水平、一流运营管理的目标。中国高速铁路建设规模空前、技术复杂、举世瞩目，涉及设计、施工、装备制造、运营管理、养护维修等众多单位和部门，是一个庞大的系统工程，必须统一协调、精心组织、有序推进。

5.2.3 中国铁路技术标准体系

铁路技术标准体系的建立，有利于推动铁路技术发展、保证工程质量、提高建设效率、控制工程投资、协调工程和专业接口、促进运营和维修管理、确保实现铁路工程的系统集成和整体功能，充分体现铁路工程的功能性、系统性、先进性，文化性和经济性。因此，建立铁路技术标准体系，高效、经济、有序地推动铁路建设、运营管理和技术发展有重要的意义。

19. 拓展阅读

1. 铁路技术标准体系的构成

中国铁路技术标准体系主要由四个层次构成。

（1）第一层次：铁路主要技术政策。它是铁路技术发展的纲要文件，指导铁路有关规划、规章、规程、规范、标准等的编制和修订。

（2）第二层次：铁路技术管理规程。它是依据《中华人民共和国铁路法》《铁路运输安全保护条例》等制定的铁路技术管理的基本规章。其他铁路规章和规范性文件以及各部

门、各单位制定的技术管理文件等，都必须符合铁路技术管理规程的规定。铁路技术管理规程规定了铁路的基本建设、产品制造、验收交接、使用管理及保养维修方面的基本要求和标准；规定了各部门、各单位、各工种在从事铁路运输生产时，必须遵循的基本原则、责任范围、工作方法、作业程序和相互关系；规定了信号的显示方式和执行要求；明确了铁路工作人员的主要职责和必须具备的基本条件。

（3）第三层次：铁路工程建设标准（综合标准和专业标准）和铁路运营管理标准（运营标准和维修标准）综合标准是指工程建设强制性条文中的铁道工程部分以及铁道部发布的建设管理制度涉及质量、安全、卫生、环保和公众利益等方面的目标要求，或为达到这些目标而必须满足的技术要求和管理要求。它对所包含的各专业各层次标准具有制约和指导作用。专业标准是铁路工程建设标准体系的主要内容，由基础标准、通用标准和专用标准构成。基础标准和通用标准对专用标准具有指导和约束作用，专用标准的部分内容应服从基础标准和通用标准。基础标准是铁路工程建设技术标准的基础，对其他标准（通用标准和专用标准）具有普遍的指导意义，主要包括术语标准、分类标准、限界标准、制图标准、标志标准、符号标准、设计基础标准等。通用标准是针对铁路工程某类标化对象制定的覆盖面较广的共性标准（包括各专业通用的勘察、设计，施工、验收及管理要求），可作为制定专用标准的依据。如《铁路基本设计规范》属于设计通用标准，是铁路工程其他设计规范制定的依据和基础，是一般情况下铁路工程设计应满足的基本要求和应遵守的共性要求。

专用标准是针对某一具体标准化对象或作为通用标准的补充或延伸制定的专项标准，内容较为具体，覆盖面一般不大。如某类等级铁路或某种工程的勘察、设计、施工、质量验收的具体要求或方法，某个范围的安全、卫生、环境保护要求，某项试验或检测方法等。

（4）第四层次：对具体工点、铁路部件等在生产制造过程中的质量控制要求。主要包括铁路部件技术条件、具体工程施工技术条件以及施工质量验收标准。

以上各层次铁路技术标准既相互独立又密切联系，下层次标准服从上层次标准，多层次的技术标准构成了中国的铁路技术标准体系架构。

整个技术标准体系内的各类标准并不是一成不变的，而是随着国家法规、建设理念、科学技术、施工工艺、管理手段等的发展和进步不断修改和完善。

5.3　高速铁路的发展展望

5.3.1　高速铁路发展对国内经济的影响

高速铁路发展对经济发展具有十分重要的纽带与动脉作用。全球经济一体化进程的加快，使得当前世界经济的发展具有以下特点：世界性产业结构分工加剧、经济实体集团化发展的区域范围扩大、国与国之间经济发展相互依存度提高，生产要素和物资跨国界、大范围、长距离、大宗量、快速流转的交换物流格局开始形成。就我国国内而言，我国地域辽阔，从东到西，从南到北，大范围、大宗量、长距离的物资和人员流转形式十分需要，总体上离不开铁路运输方式。

随着各城市高速铁路的开通，将实现大城市之间或大城市与卫星城市之间的资源共享和功能再划分，无疑给国家的社会、政治、经济、文化等方面的发展开辟新的空间、带来新的活力，两城或多城变一城，绝对实现"1+1＞2"。如武广高铁开通，串起了武汉、长沙和广州三点。以三点为圆心、以1h为半径画圆，三个圆分别是武汉城市群、长株潭城市圈和珠三角经济区。以武广高铁为轴，一个独一无二的"黄金走廊"正在形成。又如，京津城际高速铁路的开通，将实现京津两城的同城效应。京津两地优势高度互补，双方都可以从空间结构、产业结构等方面收获效益。如北京的中关村，已经是中国最大的高新技术区域创新基地，有清华、北大等知名的高等学府，有联想、紫光等具有高度知识产权的大型企业集团，还有众多正在创业的科技型中小企业。在"京津半小时都市圈"内，沿途的各大高校和企业都可以为中关村的溢出和扩散创造良好的环境。京津城际高速铁路的开通，使积聚多年的京津两城市各类资源实现整合，如人才、旅游、房产、港口等，实现资源共享。

地理距离既是旅游吸引力产生的积极因素，同时也是实现旅游活动的制约因素，目的地与客源地之间的距离是影响旅游者行为决策的重要因素。人们的出行流量在距离上具有不同的分布概率，一般地，距离越近，人们的出行成本越低，流量分布的概率越高；反之，距离越远，流量分布的概率越低，即具有距离衰减特征。旅游半径也称出游半径，是游客从旅游核心区出发，向周围辐射的旅游距离。旅游半径决定旅游辐射区的涵盖范围。旅游半径的大小，受交通运输能力的制约。随着科技的发展和交通条件的改善，游客旅游半径将会以更快的速度扩大。首先，高速铁路提升了人们的出行意愿。交通工具是重要的出行工具与基础条件，交通工具为出行者带来的效用直接影响人们的旅游行为决策。高速铁路快捷、安全、准时、稳定、舒适等优点满足了人们的需求，不仅大大缩短了客源地与旅游目的地之间的时间距离、减少了行程时间、扩大了出游半径，还提供了良好的人性化服务、提升了旅客旅途中的身心感觉、激发了人们的出行欲望。高速铁路开通后，中距离城市的同城效应日渐显现，高铁沿线不同城市独特的旅游资源吸引着大量的游客出行。其次，高速铁路改变了人们的出行方式，对交通运输市场造成冲击，提高了市场的竞争程度，促使公路和航空以更优惠的价格提供更好的服务。

高速铁路为旅客节省大量宝贵时间，将这些时间折合成创造的财富价值，将是惊人的数字，高速铁路的直接经济收益显著，间接效益可观。高速铁路建设带动土木建筑、原材料、机械制造等相关产业的发展，促进人员流动，加速和扩大信息、知识和技术的传播，从而促进沿线区域的商业活动和经济发展，缩小城乡差距。高速铁路加速了资源的自由流动，对沿线经济产生重要影响，主要表现在：高速铁路促进人口、劳动力的自由流动，促进沿线旅游业、商业等服务产业的发展，影响制造业的区位选择，并通过消除地域差别、增进市场竞争，促进社会更加公平。

同时，高速铁路促进劳动力、资本等要素的自由流动；促进文化交流与知识集聚、扩散与创新；加速土地竞租，改变企业的生产成本与费用；同时扩大生产范围，增进更广泛区域之间的竞争。比如以高铁带动新型城镇化起飞。一是加强高铁对人口流动、聚集的服务能力，加快新型城镇化进程。从京沪、京广高速铁路建成运营后前三年既有线和高速线客运量的变化对比来看，高铁建成后，既有铁路线客运量没有显著变化，相反高速铁路线的客运量却显著增加，其中京沪高铁线年均增长85％，京广高铁线年均增长50％，充分说明高速铁路对人口流动具有显著的诱增效应，使原先鲜为人知或知名度高但交通不便的中小城市（镇），因人流涌动和宜居环境，成为吸纳人口的热点，高速铁路建设正全力助推我国新型城镇化进程。二是依托高速铁路引发区域"集聚效应"，加快城市群发展。建设城际高速铁路网，构建城市群内 0.5～2h 交通圈，是《中长期铁路网规划》的主要目标之一。高速、大容量、集约型、通勤化的城际高铁是城市群内部城市之间联系的重要纽带，通过提高城际可达性，既缩小了城市群的空间范围，也扩大了城市群人口的流动范围。加快城市群城际高铁建设，将有效强化交通对城市群空间结构的支撑，推动城市群健康发展。京津城际高铁开通前，仅有 16% 左右的人有两城职住分离的考虑或意愿，而高铁开通后增至 40% 左右。城际高铁改变了人们传统的生活方式，对"同城化"带来积极推动作用。

5.3.2　高速铁路发展规划

1. 世界高速铁路技术的发展特点

展望未来，世界高速铁路技术的发展主要有以下特点：

（1）提高线路质量，采用无砟轨道和无缝线路，长期保持线路的稳定性和几何尺寸的持久性，降低维修成本。

（2）高速列车正向 360～400km/h 的速度迈进，摆式列车、双层客车也有所发展。

（3）250km/h 以上的高速列车采用动力分散型是大势所趋。

（4）降低轴荷已引起许多国家的重视，日本 500 系、700 系的轴重分别为 10.8t 和 11.2t，ICE3 为 12.5t。

（5）复合制动系统的研究与发展。

（6）高速铁路安全保障措施——列车运行控制系统正在积极研发中，基于无线通信、卫星定位和智能化的自动控制技术相整合的综合系统是今后的发展主流，欧洲已制订欧洲列车控制系统标准。

2. 我国高速铁路技术的总体规划及发展展望

真空管道磁悬浮列车是一种最低速度 4000km/h、能耗不到民航客机 1/10、噪声和废气污染及事故率接近于零的新型交通工具。简而言之，就是建造一条与外部空气隔绝的管道，将管内抽为真空后，在其中运行磁悬浮列车等交通工具，由于没有空气摩擦的阻碍，列车运行速度极大提升，可大大缩短地球表面任意地点间的时间阻隔，北京到华盛顿两小时可达，用数小时就可完成环球旅行。由于管道是密封的，因此可以在海底及气候恶劣地区运行而不受任何影响。中国在此项研究中已经走在世界前列，2007 年，该项目被列为国家自然科学基金项目，由张耀平教授等专家申请的大量相关专利已被受理，一场交通运输革命或许已经迫在眉睫。

根据《中国铁路中长期发展规划》，未来，我国高铁线网将由原来的"四纵四横"变成"八纵八横"。规划到 2030 年，整个高铁路网要达到 4.5 万 km。一是构建"八纵八横"高速铁路主通道。"八纵"通道为：沿海通道、京沪通道、京港（台）通道、京哈-京港澳通道、呼南通道、京昆通道、包（银）海通道、兰（西）广通道；"八横"通道为：绥满通道、京兰通道、青银通道、陆桥通道、沿江通道、沪昆通道、厦渝通道、广昆通道。二是拓展区域铁路连接线。在"八纵八横"主通道的基础上，规划布局高速铁路区域连接线，目的是进一步完善路网，扩大高速铁路覆盖。三是发展城际客运铁路。在优先利用高速铁路、普速铁路开行城际列车服务城际功能的同时，规划建设支撑和引领新型城镇化发展、有效连接大中城市与中心城镇、服务通勤功能的城市群城际客运铁路。

【创新思考与创新实践】

如图 5-4 所示，高铁车头为什么长这样？

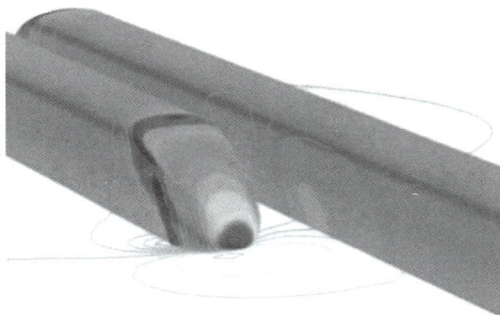

20. 榜样力量

图 5-4 子弹头形状的高铁

高铁车头为什么不是方的、圆的、扁的，而是类似于子弹头？将高铁的头部设计成子弹头形状，只是为了美观吗？

这是设计师为了解决一些麻烦而创造的卓越智慧。

请通过网络资源或查阅文献等方式，了解高铁车头设计成子弹头的具体原因以及由此解决的具体问题，调研这些具体问题涉及的新材料、新技术或新方法，探索该领域可能的创新突破方向。

21. 创新创业小故事

学生综合学习评价表

评价维度	评价项目	评价指标	学生自评	同伴互评	教师评价
知识	基础性知识	1. 掌握基本概念，如高速铁路			
		2. 熟悉高速铁路的发展阶段			
		3. 掌握高速铁路的基础设施			
	方法性知识	1. 学会从不同渠道搜集信息并整理			
		2. 主动学习并掌握与本模块内容相关的新概念、新名词			
	创新性知识	1. 了解高速铁路发展的问题与政策			
		2. 提出高速铁路可发展的方向			
能力	语言表达	回答问题言简意赅、有理有据、论证信息正确且充足			
	搜集整理	搜集到足够的学习资料，并提取精华			
	创新思维	能提出独特的观点，主动发现新问题，提出新想法			
综合	自我反思				
	教师评语				

课后习题

1. 什么是高速铁路？
2. 高速铁路与高速列车的区别是什么？
3. 高速铁路有哪几个发展阶段？
4. 高速铁路对路面的要求是什么？
5. 高速铁路对轨道的要求是什么？
6. 高速铁路系统的组成是什么？
7. 高速铁路的建造标准体系是什么？

模块 6　机场与港口

📝 **模块导读**

机场与港口建设是紧密关联且相辅相成的。它们作为重要的交通枢纽，对于促进地区经济和社会发展具有重要的作用。机场和港口不仅方便人们的出行和货物的运输，也促进地区与全球的交流与合作。机场建设方面，随着航空技术的不断发展和人们出行需求的增加，机场的规模和设施在不断提升。从早期的简单跑道和停机坪，到现在的多功能航站楼、先进的导航系统和完善的配套设施，机场的建设已经实现了从量变到质变的飞跃。同时，机场的运营管理也在逐步实现智能化和绿色化，提高服务效率和质量，减少对环境的影响。港口建设方面，随着全球贸易的不断发展，港口的吞吐量和货物种类在不断增加，为了满足需求，港口的建设也在不断升级。从早期的简单码头和货场，到现在的多功能物流园区、先进的装卸设备和完善的配套服务，港口的建设已经实现了从传统到现代的转型。同时，港口的运营管理也在逐步实现数字化和智能化，提高物流效率和安全性。

📚 **知识目标**

掌握机场与港口的定义、功能及分类；熟悉机场与港口的结构形式，了解其施工工艺。

📖 **能力目标**

学会思考，强化爱国主义精神。

📚 **素质目标**

培养自觉遵守行业规范和企业规章制度的标准意识，强化吃苦耐劳、团结互助、诚实守信的职业精神。

6.1 机场工程概述

6.1.1 机场的分类

机场是为了供航空器起飞、降落和地面活动而划定的一块地域或水域，是航空运输的起点站、终点站或经停站，是地面交通与空中运输的接口。在日常生活中，常将机场叫作航空站，但它们是有区别的。所有专供航空器起降的地方都可称为机场，而航空站除了保障飞机起降外，还设有塔台、停机坪、客运站、维修厂等设施，并提供机场管制、空中交通管制等其他服务。

1. 按照使用性质分类

按照使用性质的不同，机场可分为民用机场和军用机场。

2. 按照机场规模和旅客分类

按照机场的规模和旅客类型的不同，可分为枢纽国际机场、区域干线机场和支线机场三大类。

（1）枢纽国际机场：是指在国家航空运输中占据核心地位的机场，其旅客中转率、货物吞吐量在整个国家航空运输中具有重要作用，其所在城市在经济社会中占据特别重要地位，是国家政治中心或特大城市，如北京首都国际机场、深圳宝安国际机场及成都双流国际机场等。

（2）区域干线机场：其所在城市是省会或自治区首府、重要开放城市、旅游城市或其他经济较发达城市、人口密集城市，旅客中转率、货物吞吐量相对较大。如南昌昌北国际机场、南宁吴圩国际机场等。

（3）支线机场：除上述两种类型以外的民用运输机场。虽然运输量不大，但作为联通全国航路或对某个城市的经济发展起着重要作用。如上饶三清山机场、泸州云龙机场等。

3. 按照进出机场的航线业务范围分类

机场按照其运营的航线业务范围可分为国际航线机场、国内航线机场和地区航线机场。

（1）国际航线机场：能接收境外国家或地区的航班降落和起飞的机场，或设有海关边防检查、动植物检疫和商品检验等联验机构的机场。这类机场规模较大，一般位于国家一类口岸和区域性枢纽空港。

（2）国内航线机场：专供国内航线使用的机场。

（3）地区航线机场：在我国，指民航运输企业与香港、澳门地区之间定期或不定期航班飞行使用、无相应联检机构的机场。在国外，通常是指适应个别地区空中交通管制需求、可提供短程国际航线的机场。

4. 民用机场的主要功能

不同类型的机场所具有的功能不是完全一致的，如民用机场、通用机场和军用机场等功能各不相同。民用机场主要功能有：

（1）最主要的功能是供飞机安全、有序、高效地起降飞行。

（2）为航空运行提供各种服务，如维修维护、通信导航、空中交通管制、航空气象、航空情报、应急救援以及燃油、航食及清洁等服务。

（3）安排旅客和货物准时、舒适地上下航空器。

（4）提供方便和迅捷的连接市区的地面交通。

22. 知识链接

6.1.2 机场的组成

机场主要由飞行区、航站区和地面运输区三个部分组成，如图 6-1 所示。飞行区是飞机运行的区域；航站区是旅客登机的区域，是飞行区和地面运输区的结合部位；地面运输区是车辆和旅客活动的区域。

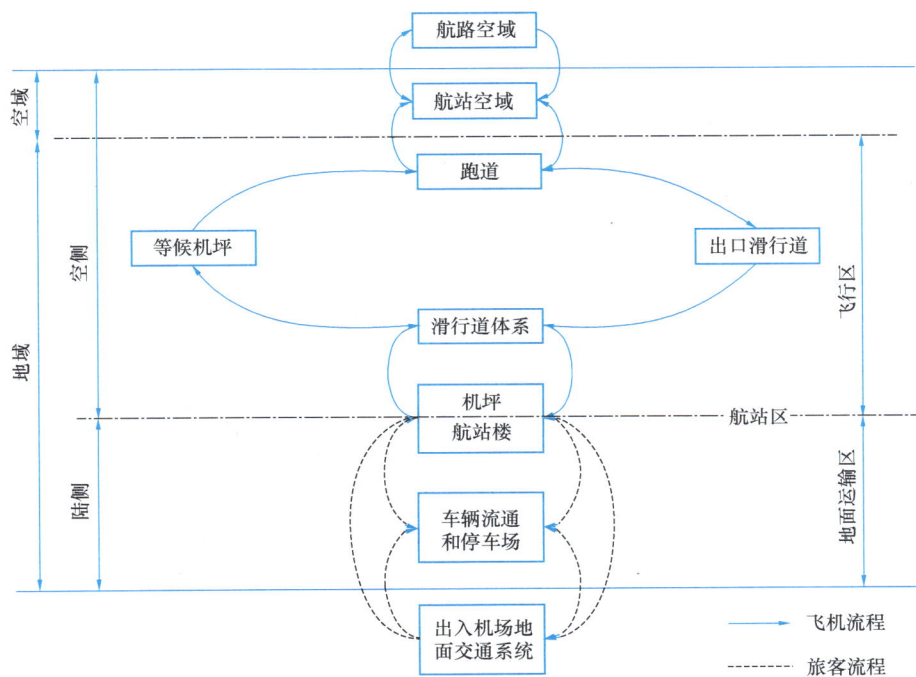

图 6-1 机场系统的组成

1. 飞行区

飞行区分为空中部分和地面部分。空中部分是机场的空域，包括进场离场的航路；地面部分包括跑道、滑行道、停机坪和登机门以及一些为维修和空中交通管制服务的设施和场地，如机库、塔台等，如图 6-2 所示。

升降区是飞行区跑道中线及其延长线两侧的一块特定区域，是供飞机起飞、降落及偶尔滑出跑道或迫降时的安全而设置的，其目的是减少飞机冲出跑道时的损坏，并保障飞机起飞或着陆时的安全飞行。升降区由跑道停止道（当设置时）和四周经平整压实的土质场地组成。

滑行道是飞机从一处安全便捷地滑行至另一处的通道，由道面和道肩组成。道面是飞机滑行直接接触的部分，道肩紧邻跑道两侧边缘，作为跑道和周围土质地面的过渡地带，以减少飞机冲出或偏出跑道时损坏的风险。

停止道设在跑道端部，是供飞机中断起飞时能在上面安全停止的特定场地。当跑道长度较短、不能确保飞机中断起飞时的安全时，应予以设置。

机坪飞行区是供飞机停放和进行各种业务活动的场所。一般设在候机楼处，按使用功能可分为客机坪、货机坪、等待机坪、维修及停机坪。

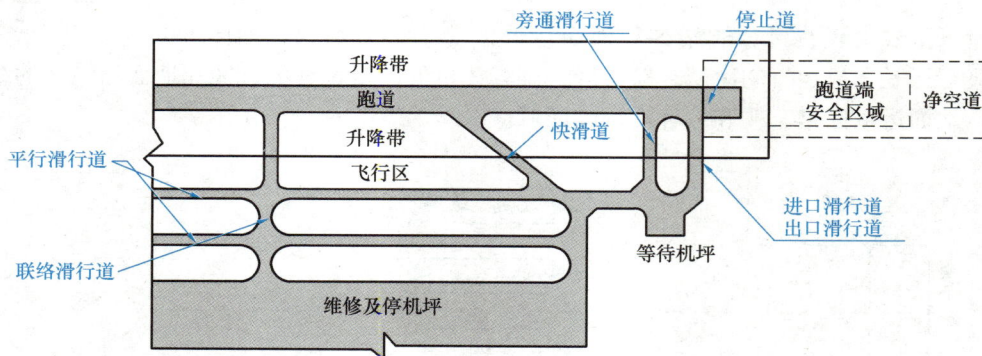

图 6-2　飞行区

2. 航站区

航站区包括航站楼及楼外的登机机坪和旅客出入车道，是地面交通和空中交通的结合部，是机场对旅客服务的中心地区，由登机机坪和候机楼区组成。

登机机坪是旅客从候机楼上机时飞机停放的机坪，候机楼是为旅客提供服务的主要建筑物，由旅客服务区和管理服务区两大部分组成。旅客服务区包括值机柜台、安检、海关及检疫通道、候机厅、迎送旅客活动大厅及公共服务设施等。管理服务区则包括机场行政、后勤、政府机构办公区域及航空公司运营区域。

3. 地面运输区

由机场进入通道、停车场及内部道路组成。

4. 其他设施

其他设施包括机场维修设施、空中交通管制设施、航管通信气象服务设施、安全保卫及消防设施、行政办公和生活区、生产辅助和后勤保障设施等。

6.1.3　机场基本构型

1. 跑道构型

跑道构型可归纳为4种基本构型：单条跑道、平行跑道、开口 V 形跑道及交叉跑道。

（1）单条跑道。单条跑道是最简单的构型，即一条直线跑道。

（2）平行跑道。根据平行跑道之间距离的差别，又可分为4种：近距平行跑道（跑道间距小于760m）、中距平行跑道（跑道间距在760～1300m）、远距平行跑道（跑道间距不小于1300m）及双组跑道（跑道间距不小于1300m 的两组近距离平行跑道）。如图 6-3 所示。

（3）开口 V 形跑道。是指从不同方位叉开且没有相交的跑道构型。如图 6-4 所示。

（4）交叉跑道。两条或两条以上相互交叉的跑道称为交叉跑道。如图 6-5 所示。

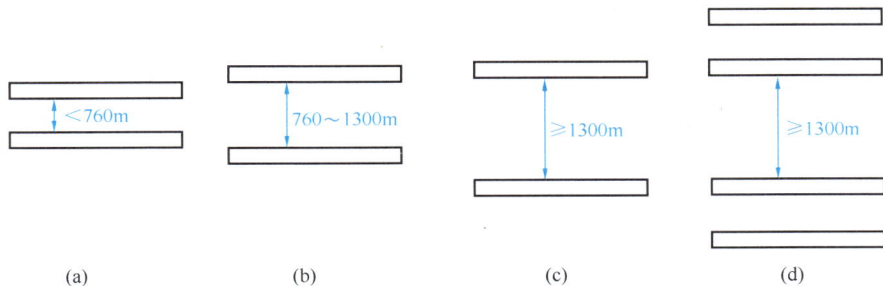

图 6-3　平行跑道

（a）近距平行跑道；（b）中距平行跑道；（c）远距平行跑道；（d）双组跑道

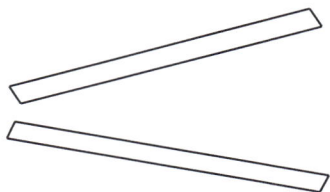

图 6-4　开口 V 形跑道　　　　　图 6-5　交叉跑道

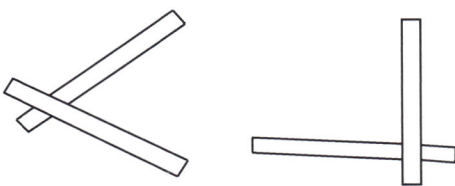

2. 航站楼布局

航站楼的布局形式主要有 4 种：前列式、指廊式、卫星式和转运式，如图 6-6 所示。

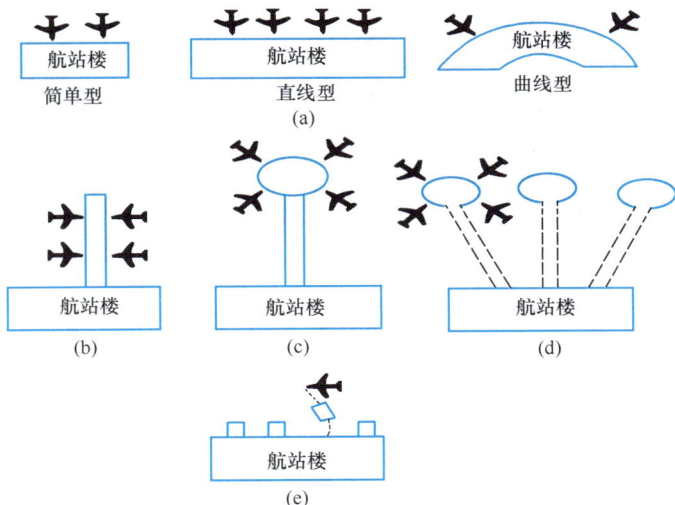

图 6-6　航站楼布局形式

（a）前列式；（b）指廊式；（c）卫星式；（d）远端卫星式；（e）转运式

（1）前列式：航站楼为直线形或曲线形，飞机沿着航站楼停靠，通过登机廊桥连接航站楼和飞机。

（2）指廊式：在前列式航站楼的基础上，设置从中央航站楼到登机口的封闭式进入通道，飞机沿着指廊停放。

（3）卫星式：由指廊与一个或多个卫星式建筑结构连接在一起所构成的简单型航站楼，飞机在指廊末端集中停放。

（4）转运式：飞机机坪远离航站楼，通过转运车运输上下飞机的旅客。

【创新案例】

"海星"航站楼

青岛胶东国际机场航站楼是中国原创设计的世界首个采用集中式五指廊构型的航站楼，如图 6-7 所示。航站楼以富有张力的连续曲面将具有向心力的五个指廊与大厅融为整体，实现大集中与单元式的合理平衡，建筑面积 47.8 万 m²，旅客安检后登机，最大步行距离控制在 550m 以内，国内中转 45min 以内即可完成。

创新设计转化为现实是一个艰辛不辍的过程，五指廊构型从概念提出到获得行业管理部门认可经历了一年多的时间。设计团队不断深入研究论证，多途径模拟优化，深化出五指廊构型与其适用的使用场景与环境要求。

图 6-7　青岛胶东国际机场航站楼

大家最为熟知的五指廊构型航站楼应该是北京大兴国际机场航站楼，如图 6-8 所示，其形态如展翅的凤凰，该造型以旅客为中心，整个航站楼有 79 个登机口，旅客从航站楼中心步行到达任何一个登机口，所需的时间不超过 8min，航站楼头顶圆形玻璃穹顶直径为 80m。该航站楼是世界上最大的单体航站楼以及最大空港，是中国面向世界的标志性建筑，被英国《卫报》等媒体评为"新世界七大奇迹"榜首。

为什么越来越多的航站楼采用五指廊构型？这种构型拥有指廊短、空侧延展面大等优点，在拥有更多近机位的同时，还能将航站楼中心到最远端登机口的距离控制在 600m 左右。以前旅客从航站楼中心区出发，到达自己所乘航班的登机口，可能需要绕很远的路，走很长的时间，甚至还需要乘坐摆渡小火车，因为有的飞机停得很远，但现在就不用这么麻烦了，因为"海星"航站楼指廊短，一眼就能看到指廊的终点，一般情况下，哪怕是最远端的登机口，也只需要走 8min 就能到。

图 6-8　北京大兴国际机场航站楼

6.1.4　机场的未来发展

随着社会经济的不断发展，人民的生活水平不断提高，人们对出行便捷的要求更加强烈，机场在国家经济发展和人民日常生活中的地位更为重要。未来的机场呈现以下发展趋势：

（1）规模化。不仅建立大型枢纽性机场，而且以此为中心，建立与城市群相应的机场群，两者相互支撑、相互作用、共同发展，推动经济发展转型升级，合理分工与紧密协作，使资源要素得到优化配置，引领体制机制改革和商业模式创新。

（2）无缝化。建设以大中型机场为核心的综合交通枢纽，联合铁路、高速公路、磁悬浮、地铁、地面公交及出租汽车等交通方式建设"零换乘、无缝隙"交通网络，方便客货流在机场的快捷集散。

（3）智慧型。通过人工智能、云计算、大数据和移动互联网等技术应用，实现机场智慧服务支撑体系，实现机场服务的精细化管理与可视化监控，大幅提升机场服务水平与旅客出行体验，是提升机场运行效率、节省人工成本及提升安全保障的重要手段。

（4）绿色机场。绿色机场是指在机场系统的全寿命周期中，以高效率地利用资源、低限度地影响环境的方式，建造合理环境负荷下安全、健康、高效及舒适的工作与活动空间，促进人与自然、发展与环境、建设与保护、经济增长与社会进步相协调的机场体系。绿色机场体系是资源节约、环境友好、运行高效和人性化服务的有机结合。

6.2　机场道面工程

6.2.1　机场道面的使用要求

机场道面承受飞机的机轮荷载、高温高速气流以及冷热干湿冻融等自然因素作用。为保证飞行起降安全，机场道面应满足以下使用要求：

（1）具有足够的强度和刚度。在预定使用年限内应有变形抵抗能力、抗弯抗压及抗磨耗能力。大型飞机质量很大，如 A380 的最大起飞质量可达 560t，因此道面结构的承载能力要求比路面等铺面结构高很多。

（2）具有良好的平整度。道面应坚实平整，使飞机在起降时不产生颠簸，保证驾驶平稳和乘客舒适；同时飞机产生的附加振动会加大冲击力，进一步加速道面的破坏。

（3）具有足够的抗滑性。要求道面表面平整，同时具有一定的表面粗糙度，以保证飞机起飞或着陆滑行制动的安全。飞机在跑道着陆速度可达 200～300km/h，雨天高速滑行时，表面水来不及排走，易在轮胎和路表面形成水屑层而造成漂移现象，因而道面表面应进行抗滑处理。

（4）具有洁净性。无砂石等碎屑，以免吸入发动机造成飞机的损坏。

（5）具有充足的耐久性。在轮载和气候等因素长期反复作用下，确保路面不出现开裂、老化和松散等现象。

6.2.2 机场道面结构及分类

1. 机场道面结构

机场道面结构指在土基顶面分别铺设垫层、基层及面层等结构层，如图 6-9 所示。各结构层的常用材料见表 6-1。

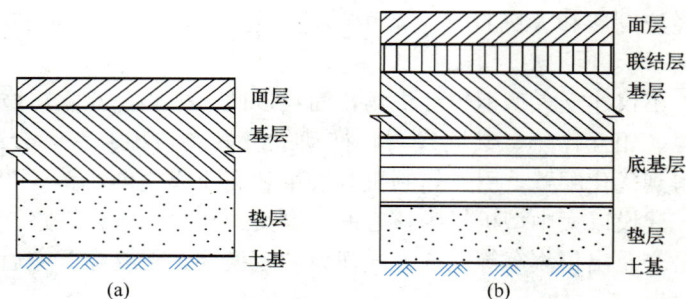

图 6-9 机场道面结构
（a）低、中级道面；（b）高级道面

面层是直接承受飞机荷载作用和环境（降水和温度）影响的结构层，应具有较高的结构强度和荷载扩散能力，良好的温度稳定性（沥青混凝土道路），不透水、抗弯和平整的表面。面层可由一层或多层组成。

基层主要起承重（扩散荷载）作用，应具有足够的强度和刚度。基层可由沥青和水泥稳定的粒料或未经处理的粒料组成。基层有时设两层，分别称作基层和底基层，或上基层和下基层。

在地基土质较差或水温状态不良时，应在基层下设置垫层，起隔水、排水和隔温（防冻融、翻浆）作用，并传递和扩散由基层传来的荷载应力。垫层根据道面总厚度要求和土基强度要求设置一层或多层。垫层不是必须设置的结构层。

压实土基是道面结构的最下层，承受上层的全部自重和轮载应力。土基的平整性和压实质量很大程度决定整个道面结构的稳定性，因此必须按要求严格压实，否则在轮载和自然因素长期反复作用下易产生过量变形，从而加速面层的破坏。

道面结构层次及材料使用 表 6-1

结构层次	沥青混凝土道面	水泥混凝土道面
面层	普通沥青混凝土； 沥青玛琋脂碎石（SMA）	普通水泥混凝土； 钢筋水泥混凝土； 钢纤维水泥混凝土
基层	普通沥青混凝土； 沥青碎石； 级配碎石； 无机结合料稳定类材料； 贫混凝土或碾压混凝土	普通沥青混凝土； 贫混凝土或碾压混凝土； 无机结合料稳定类材料； 级配碎石
垫层	无机结合料稳定类材料； 级配碎（砾）石； 砂砾	无机结合料稳定类材料； 级配碎（砾）石； 砂砾

2. 机场道面分类

（1）按道面构成材料，可分为水泥混凝土道面和沥青混凝土道面。

（2）按道面的力学特性，可分为刚性道面和柔性道面。

6.2.3 机场道面基层工程施工

机场道路施工涉及范围广，需要处理复杂的技术问题，人力物资耗用大，动用机械设备多，自然环境因素多，施工程序复杂。机场道路施工主要包括：施工准备、土方工程施工、机场道面基层工程施工、机场道面面层工程施工及机场排水工程施工等。

机场道面基层是面层与土基之间的过渡层。按其成型机理分为嵌锁型基层和半刚性基层两类。嵌锁型基层是指符合规定颗料组成范围要求的松散集料，通过摊铺、碾压等让颗料排列紧密、相互嵌锁获得结构强度的结构层，主要包括级配砾石、级配碎石及填碎石三种结构类型。而半刚性基层指在符合规定颗料组成范围要求的集料掺入足够的粘结料（水泥、石灰等）和水一起拌合得到的混合料，经摊铺、碾压及养生形成的具有规定强度的结构层；结合料主要采用石灰、水泥或外掺少量活性材料如粉煤灰、煤渣等工业废渣。

1. 半刚性基层厂拌法施工工艺

厂拌法是指在固定的拌合工厂或移动式拌合站拌制混合料，然后运至施工现场摊铺碾压成型的施工方法。其施工工艺为：设备准备→下承层准备、施工放样→备料→拌合→运输→摊铺→接缝处理→养生。施工工艺及注意事项同公路路面的底基层施工。

2. 半刚性基层路拌法施工工艺

路拌法是指直接在作业段拌合摊铺碾压成型的工艺方法，其施工主要工艺包括：准备下承层→施工放样→备料→摊铺→拌合→整型→碾压→接缝→养生。施工工艺及注意事项同公路路面的底基层施工。

6.2.4 机场道面面层工程施工

机场道面面层常指的是水泥混凝土道面面层和沥青道面面层。

1. 水泥混凝土道面工程施工工艺

水泥混凝土道面施工主要工艺流程包括：铺筑前准备工作→备料→模板加工与支设→混合料拌合与运输→钢筋网的安设→混合料摊铺→振实→做面→养生→接缝施工。

（1）铺筑前准备工作

在进行混凝土铺筑前，应做好传力杆加工、钢筋网绑扎、机具加工安装、道路平整及劳动力组织等工作。

（2）模板加工与支设

模板可采用木模板和钢模板两大类。模板支设形式根据混凝土浇筑顺序而定。纵向连续浇筑通常采用"支一行空一行"或"支一行空三行"的支模形式。"支一行空三行"是先支设带阴影线的三条板块，浇筑完后，再支设余下三行中间一行板块，待浇筑完第二次支模的板块后，就形成了"隔一空一"的情形，最后一次填仓浇筑完毕，如图6-10（a）所示。

横向连续浇筑的支模形式有"支一行空三行""支一行空七行"（如图6-10（b）所示）等支模形式。模板固定的方法有钢钎固定法、混凝土预制块顶撑法及三角拉杆支撑法。

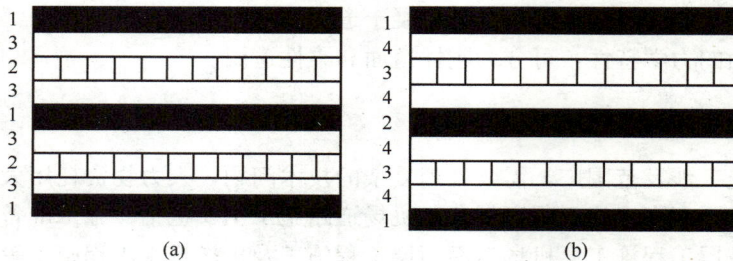

图6-10　支模形式

（a）支一行空三行；（b）支一行空七行
1—首次支模；2—第二次立模；3—填仓
1—首次支模；2—第二次立模；3—第三次立模；4—填仓

（3）混合料拌合与运输

混凝土拌合时进料顺序为石子、水泥、砂或砂、水泥、石子。进料后边搅拌边加水。搅拌时间应通过现场试拌确定。强制型搅拌机搅拌时间一般取60～90s。当拌合料采用小型搅拌机搅拌时，可采用1t轻便小翻斗车运输，但大型集中搅拌站均应采用自卸汽车运输。

（4）钢筋网的安设

单层钢筋网应于底层混凝土混合料摊铺振捣后安设，钢筋网片就位后，方可继续摊锤上层混合料。双层钢筋网上下两层应先后两次安设，厚度小于25cm的上下钢筋网可用架立钢筋扎成骨架一次安设就位。

（5）混合料摊铺

混合料卸入模板内后，用铁锹将混合料均匀摊铺在模板内，厚度不大于25cm的道面板，可一次铺筑；厚度大于25cm的道面板，用平板振动器振实时，须分两次摊铺，分别振实。上下两层摊铺要紧密衔接，上层混合料的摊铺须在下层混合料初凝前完成。

（6）振实

当混合料按要求摊铺好后，应立即振捣使混凝土密实。道面混凝土振捣机有平板振动器、插入式振动器和多棒式混凝土振实机。分层摊铺的混合料，应分层振捣，但上层的振捣必须在下层的混凝土初凝前完成。

（7）做面

做面包括提浆整平、抹面和表面抗滑处理三项工序。

提浆整平分为行夯作业和滚筒作业。行夯作业的作用是在全板范围内振平集料、提浆，赶出表层气泡和平整表层，并使混凝土表面具有 3～5mm 的砂浆保护层，振动夯由振动电机和横梁构成。滚筒作业的目的是压下个别突出的集料、进一步提浆、找平面层，滚筒由钢管、焊端头板及牵引轴构成。

整平提浆作业完毕后进行抹面作业，使表面密实、平坦。一般宜采用木抹或塑料抹，少用钢抹。抹面的遍数一般以三遍为宜。

道面混凝土表面抗滑施工工艺有：刻槽、拉槽、压槽及拉毛等。

（8）养生

为保证已浇筑的混凝土有适宜的硬化条件，防止发生不正常的收缩裂缝，混凝土在浇筑后一定时期内，必须保持充分的湿度，这个工作通常称为养生。养生方法有遮挡、覆盖湿治和喷涂化学剂。

（9）接缝施工

混凝土板的接缝有传力杆缝（胀缝、缩缝）、拉杆缝、企口缝（胀缝、缩缝）、平缝及假缝。

2. 沥青道面工程施工工艺

沥青道面施工主要工艺流程包括：铺筑前准备工作→透层和黏层→混合料拌合→混合料拌合与运输→混合料运输→混合料摊铺→沥青混合料压实。施工工艺及注意事项同道路路面施工。

6.3 港口工程概述

6.3.1 港口的组成

港口是具有水陆联运设备和条件，供船舶安全进出和停泊的交通运输枢纽。港口是水陆联运的咽喉，是水陆运输工具的衔接点和货物、旅客的集散地，是一个国家发展对外贸易的重要平台。港口由水域和陆域两部分组成，如图 6-11 所示。

水域专供船舶航行、运转和停泊使用，要求有适当深度和面积、水流平缓、水面稳定，它包括进港航道、港地、锚地及防波堤等，可分为港外水域和港内水域。

陆域专供旅客集散、货物装卸、货物堆存和转载使用，它包括码头、港口仓库、货场、铁路及道路、装卸及运输机械和港口辅助生产设备。要求有适当的高程、岸线长度和纵深。

港口水工构造物包括码头、防波堤、护岸、船台、滑道及船坞等。

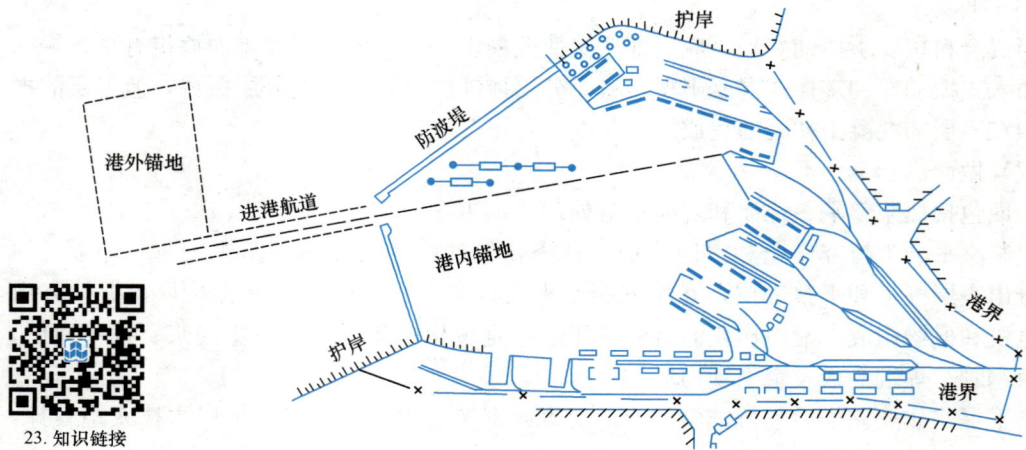

图 6-11　港口组成示意图

6.3.2　港口的功能

港口在一国的经济发展中扮演着重要的角色，运输将全世界连成一片，而港口是运输中的重要环节。世界上的发达国家一般都具有自己的海岸线和功能较为完善的港口。港口的功能可归纳为以下四个方面：

（1）物流服务功能。港口为船舶、汽车、火车、飞机、货物和集装箱提供中转、装卸和仓储等综合物流服务，尤其是提高多式联运和流通加工的物流服务。

（2）信息服务功能。现代港口不仅应该为用户提供市场决策的信息及其咨询，而且还要建成电子数据交换系统的增值服务网络，为客户提供订单管理、供应链控制等物流服务。

（3）商业功能。港口的存在既是商品交流和内外贸易存在的前提，又促进了它们的发展。现代港口应该为用户提供方便的运输、商贸和金融服务，如代理、保险、融资、货代、船代及通关等。

（4）产业功能。建立现代物流需要具有整合生产力要素功能的平台，港口作为国内市场与国际市场的接轨点，已经实现从传统货流到人流、货流、商流、资金流、技术流及信息流的全面大流通，是货物、资金、技术、人才及信息的聚集点。

6.3.3　港口的分类

港口按所在位置可分为海港（包括海岸港和河口港）和内河港；按用途可分为商港、军港、渔港、工业港和避风港；按成因可分为天然港和人工港；按港口水域在寒冷季节是否冻结可分为冻港和不冻港；按潮汐关系、潮差大小，以及是否修建船闸控制进港，可分为闭口港和开口港；按对进口的外国货物是否办理报关手续可分为报关港和自由港。

6.3.4　码头

码头建筑物是供船舶停靠、装卸货物或上下旅客的水工建筑物，由主体结构和码头设备两部分组成。主体结构一般包括上部结构、下部结构和基础。

1. 按平面位置分类

按平面位置可分为顺岸式码头、突堤式码头及岛式码头。

（1）顺岸式码头的前沿线与自然岸线大体平行，在河港、河口港及部分中小型海港中较普遍。优点是陆域宽阔，输运交通方便，工程量小。

（2）突堤式码头的前沿线与自然岸线有较大的角度，主要应用于海港。优点是在一定水域范围内有较多的泊位；缺点是突堤宽度有限，泊位平均库场面积小，作业不方便。

（3）岛式码头的港池由人工开挖形成，通过引桥或管道与岸相连，在大型河港及河口港较常见。

2. 按断面形式分类

按断面形式可分为直立式码头、斜坡式码头、半斜坡式码头和半直立式码头，如图6-12 所示。

（1）直立式码头适用于水位变化不大的港口，如海港，在水位差较小的河港中也常用。

（2）斜坡式码头适用于水位变化较大的港口，如天然河流的上中游河港。

（3）半斜坡式码头适用于枯水时间较长而高水时间较短的港口，如天然河流上游的港口。

（4）半直立式码头适用于高水时间较大而低水时间较短的港口，如水库港。

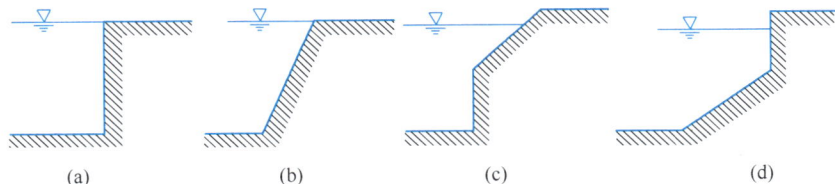

图 6-12　码头的断面形式

（a）直立式；（b）斜坡式；（c）半斜坡式；（d）半直立式

3. 按结构形式分类

按结构形式可分为重力式码头、板桩式码头、高桩式码头和混合式码头，如图 6-13 所示。

图 6-13　码头的结构形式（一）

（a）重力式；（b）板桩式

(c)　　　　　　　　　　　　　　　　　(d)

图 6-13　码头的结构形式（二）
(c) 高桩式；(d) 混合式

（1）重力式码头依靠自重（包括结构重量和结构范围内填料重量）来抵抗滑动和倾覆，适用于土质较好的地基。

（2）板桩式码头靠打入土的板桩来挡土，会受到较大的土压力，适用于墙高不大的中小型码头。

（3）高桩式码头将上部结构的荷载传至地基，适用于软土地基。

（4）混合式码头是各种形式混合的码头形式。如前排为高桩式码头，后排为板桩挡土墙式码头。

24. 拓展阅读

6.3.5　防波堤

防波堤是港口工程的重要组成部分，一般位于港口水域的外围，主要功能是抵御风浪、阻止波浪和漂砂进入港内、保证港内有平稳水面。防波堤还具有防止港池淤积、波浪冲蚀岸线及防冰防冻的作用。

1. 按平面形式分类

防波堤按平面形式可分为单突堤式、双突堤式、岛式及混合式防波堤。

防波堤一端与岸相连称为突堤，两端均不与岸相连称为岛堤。

2. 按结构形式分类

按结构形式分为斜坡式、直立式、混合式、透空式、浮式、压气式及射水式防波堤，如图 6-14 所示。

（1）斜坡式防波堤。结构断面为梯形，常用形式有堆石防波堤和堆石棱体上加混凝土护面块体。优点是对地基承载力要求较低，可就地取材，施工简单，易维修，消波性能较好，适用于软土地基。缺点是材料用量大，需经常维修，费用较高，堤的内侧不能作靠船码头。

（2）直立式防波堤。具有直立或接近直立的墙面，可分为重力式和桩式。重力式防波堤一般由墙身基床和胸墙组成，墙身大多采用方块式、沉箱式结构，结构坚固耐用，材料用量少，其内侧可兼作码头，适用于波浪及水深均较大而地基较好的情况。缺点是波浪在墙身前反射，消波效果较差。桩式防波堤一般由钢板桩或大型管桩构成连续的墙身，板桩墙之间或墙后填充块石，其强度和耐久性较差，适用于地基土质较差且波浪较小的情况。

（3）混合式防波堤。采用较高的明基床，是直立式上部结构和斜坡式堤基的综合体，适用于水较深的情况。

（4）透空式防波堤。由不同结构形式的支墩和在支墩之间没入水中一定深度的挡浪结构组成，利用挡浪结构阻挡波能传播，以达到减小港内波浪的目的。一般适用于水深较大、波浪不大又无防沙要求的水库港和湖泊港。

（5）浮式防波堤。由浮体和锚链系统组成，利用浮体反射、吸收、转换和消散波能以减小堤后的波浪。修建迅速，拆迁容易；但由于锚链系统设备复杂，可靠性差，未得到广泛应用，仅用于局部水域的短期防护。

（6）压气式防波堤。利用安装在水中的带孔管道释放压缩空气，形成空气帘幕来达到降低堤后波高的目的。

（7）射水式防波堤。利用在水面附近的喷嘴喷射水流，直接形成与入射波逆向的水平表面流，以达到降低堤后波高的目的。不占空间，基建投资少，安装和拆迁方便，但仅适用于波长较短的陡波，应用上受到限制，而且动力消耗很大，运转费用很高。

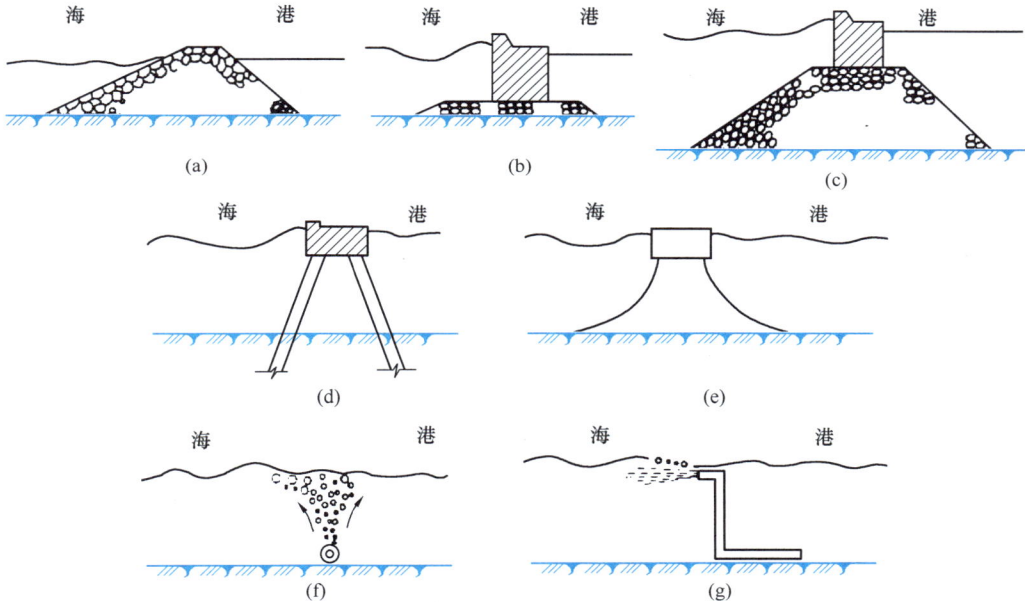

图 6-14　防波堤的结构形式

（a）斜坡式；（b）直立式；（c）混合式；（d）透空式；（e）浮式；（f）压气式；（g）射水式

6.3.6　港口的未来发展

港口作为以海洋运输为核心的基础产业，已经成为世界各沿海国家竞相发展的重点领域。港口不仅是货物水陆空运输的中转地，而且提供了发展转口贸易、自由港和自由贸易区的机会，在现代国际生产、贸易和运输系统中处于十分重要的战略地位，发挥着日益重要的作用。未来港口发展趋势表现在以下方面：

（1）港口码头泊位大型化、深水化。船舶大型化是近年来全球航运业发展的主要趋势之一，大型船舶具有降低营运成本、增强竞争力的优势。因此，港口也顺应潮流向大型化、深水化的方向发展，带动航道、码头、堆场、集疏港交通及港口机械等硬件设施的能力和现代化水平不断提高。

（2）港口向综合型物流企业发展。为客户提供多方位的物流增值服务，包括货物运输、货运代理、货物包装、装配、分拨及贴标识等，同时港口的范围进一步扩大，不仅包括港区，而且包括物流中心区，以实现网络化的物流运输组织方式，并带动临海产业的快速发展。

（3）自动化港口逐步取代传统港口。自动化集装箱码头是最新一代的集装箱码头，在自动化集装箱码头中，自动化机械代替传统手工操作机械进行集装箱的运输、装载和卸载。自动化集装箱码头采用自动化码头装卸系统，该系统可以帮助码头实现低碳、环保、高效、可靠和安全的目标。

（4）智慧港口是以现代化基础设施设备为基础，以云计算、大数据、物联网、移动互联网及智能控制等新一代信息技术与港口运输业务深度融合为核心，以港口运输组织服务创新为动力，以完善的体制机制、法律法规、标准规范及发展政策为保障，能够在更高层面上实现港口资源优化配置，在更高境界上满足多层次、敏捷化、高品质港口运输服务要求，具有生产智能、管理智慧、服务柔性及保障有力等鲜明特征的现代港口运输新业态。

（5）绿色港口是在环境保护和经济利益之间获得良好平衡的可持续发展的港口。绿色港口以绿色理念为指导，建设环境健康、生态保护、资源合理利用、低能耗和低污染的新型港口。将港口资源科学布局、合理利用，把港口发展和资源利用、环境保护有机结合起来，走能源消耗少、环境污染小、增长方式优及规模效应强的可持续发展之路，最终做到港口发展与环境保护和谐统一、协调发展。

【创新案例】

天津海关创新智慧平台解决多方难题

2020 年，天津海关联合天津港，共同研发了适配港口集疏运需求的智能"网约车"平台。在这个平台上，关港双方的信息深度交互，通过应用 AI 算法，实现了车、货、船三方需求的智能匹配。可以预测提箱时间的"提箱排队叫号"服务，解决了车与货之间互相等待的难题，打造港口与企业间集疏运作业智慧物流模式。企业只需发布需求，平台就可以智能演算船舶进出港、货物通关和装卸、车辆位置等动态信息，精准匹配运输车辆；而车队则能精准掌握运输时限，调度车辆运输。

6.4　重力式码头

6.4.1　重力式码头的组成

重力式码头靠结构本身及其上填料重量抵抗建筑物的滑动和倾覆，其结构坚固耐久，抗冻、抗冰性能好，能承受较大的地面荷载和船舶荷载，对较大的集中荷载及地面超载和装卸工艺变化适应性强，施工较简单，设计施工经验成熟，用钢材少，造价较低。但波浪反射严重，泊稳条件较差，对地基要求较高，需较多的砂石料。

重力式码头一般由基础、胸墙、墙身、墙后回填和倒滤层等组成，如图 6-15 所示。

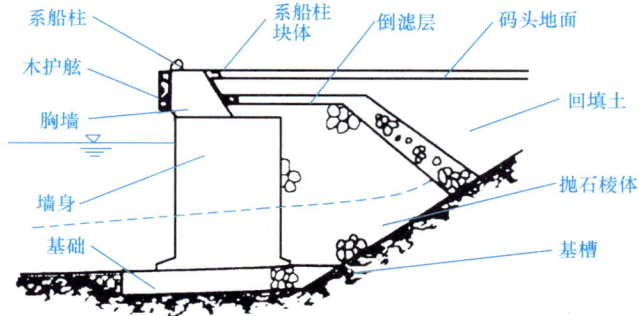

图 6-15　重力式码头的组成

1. 基础

基础的主要功能是将墙身传来的外力扩散到较大范围的地基，以减小地基应力和沉降，同时保护地基免受波浪和水流的淘刷，保证墙身的稳定。

对于岩基，一般可不作基础。对预制构件，需用二片石碎石整平，厚度不小于 0.3m。对于非岩石地基，水下安装预制结构时，应作抛石基床。现浇混凝土成浆砌石结构地基承载力不足时，应设置基础，如块石基础、钢筋混凝土基础或桩基等。

2. 胸墙

与墙身预制构件连成整体，承受船舶的撞击，便于安装码头设备。设计胸墙时，除保证其抗倾和抗滑稳定性外，还应有良好的整体性、足够的强度和刚度。

胸墙一般采用以下形式：

① 现浇混凝土胸墙：具有结构牢固、整体性好的优点，是采用最多的一种形式。

② 浆砌石胸墙：可节约模板，就地取材，但断面不宜过小，并注意砌砖质量，保证有良好的整体性。

③ 预制混凝土胸墙：预制块之间应采取良好的整体联系措施。

3. 墙身

墙身是码头的主体结构，它构成航舱系靠所需的直立墙面，挡住墙后的回填料，承受施加在码头上的各种外力，并将这些作用力传递到基础和地基。墙身通常由重型块石、混凝土块或预制混凝土构成，依靠其重力来抵抗外力。

4. 墙后回填

在岸壁式码头中，墙后需回填以形成码头地面。回填形式一般有两种。其一为抛石棱体加倒滤层，具有减少土压力、防止土料流失的优势，多用于实心方块码头。其二为直接回填细粒土，只在墙身构件间的拼接缝处设倒滤设备，防止土料流失，多用于沉箱护壁空心块体码头。

抛填棱体的断面形式有三角形、梯形和锯齿形三种。三角形断面以防止回填土流失为主，减压效果较差，抛填量最少。梯形、锯齿形断面以减压为主，兼顾防止回填土流失。在减压效果相同的情况下，锯齿形用料更省，但施工程序多，影响工期，质量不易保证。为避免棱体密实下沉后填土从墙身缝隙流失，棱体顶面应高出预制安装墙身至少 0.5m。

5. 倒滤层

其作用是防止回填土的流失，一般设置在抛石棱体顶面、坡面、胸墙变形缝及卸荷板顶面及侧面接缝处。可采用碎石倒滤或碎石和土工织物结合的倒滤层。回填土一般要求就地取材，运距近，易密实，有一定承载力，产生压力小。

6.4.2 方块码头

方块码头是指以预制混凝土方块作为墙身建成的码头。一般适用于地基较好、当地有大量石料的地区。

方块码头由混凝土或浆砌方块砌筑而成。其断面形式有阶梯式、衡重式和卸荷板式三种，如图 6-16 所示。

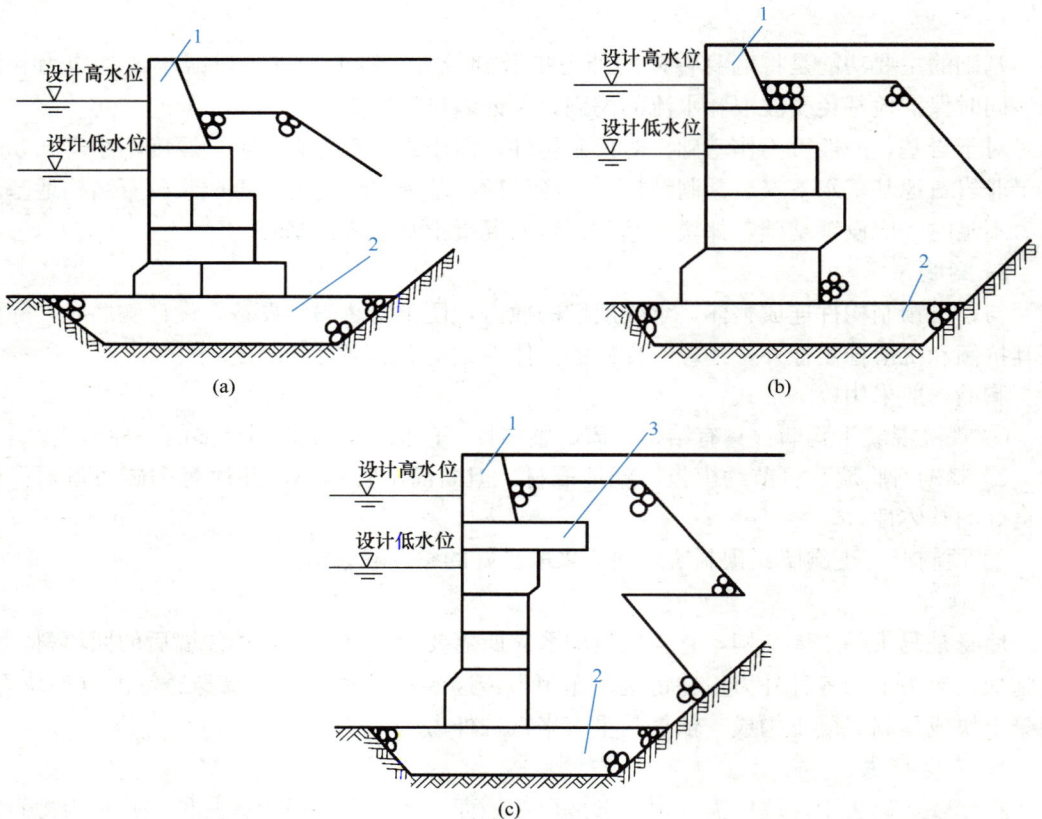

图 6-16　方块码头断面形式
（a）阶梯式；（b）衡重式；（c）卸荷板式
1—胸墙；2—基床；3—卸荷板

方块码头块体形式主要有实心方块体、空心块体（如图 6-17 所示）、卸荷板三种。

方块墙身的施工工序是：方块预制→方块储存→方块出场→方块运输→方块安装。

方块的预制一般在预制场上完成。制作施工工艺与一般水工混凝土预制工艺相同。方块预制品必须外形规则、尺寸准确，无粘底、鼓肚、裙角漏浆、松顶、表面砂线及裂缝等缺陷。

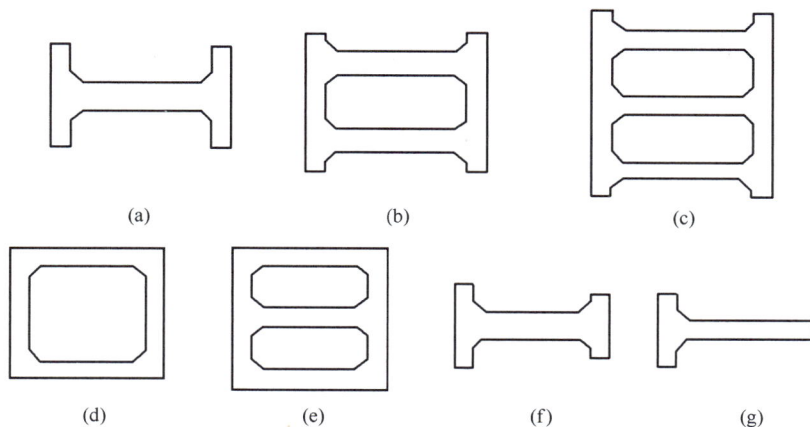

图 6-17 空心块体的形式

（a）单工字形；（b）双工字形；（c）多工字形；
（d）口字形；（e）日字形；（f）不对称形；（g）丁字形

当方块达到设计强度后，即可运至施工地点进行安装。方块的吊运分为陆上吊运和水上吊运，一般可用移动式龙门起重机或平板车运到转运码头，用专门起重设备装船。

方块起吊方法是在起重吊钩下吊以丁字吊杆，如图 6-18 所示。将丁字吊杆插入方块吊孔后转 90°，丁字吊杆端头卡在吊孔中，起重机收起吊钩即将方块吊起。

方块的安装一般采用水上安装法。

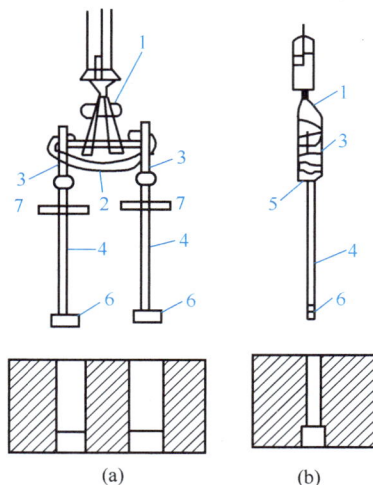

图 6-18　丁字吊杆起吊方块

（a）正视图；（b）侧视图

1—吊钩；2—横钢架；3—鞍形夹板；4—丁字吊杆；
5—套筒；6—丁头；7—手柄

6.4.3　沉箱码头

沉箱是一种巨型有底空箱，箱内用纵横隔墙隔成若干舱格。沉箱一般在专门预制厂预制，然后在滑道上用台车溜放下水；也可用造船厂的船坞、滑道及船台预制下水。下水后的沉箱用拖船拖至现场，定位后用灌水压载法将其沉放在整平好的基床上，用砂式块石填充沉箱内部。

沉箱按平面形状分为矩形和圆形两种。

沉箱由外壁（前壁、后壁）、隔墙（横隔墙、纵隔墙）、底板和墙趾（前趾、后趾）等构件构成，如图 6-19 所示。

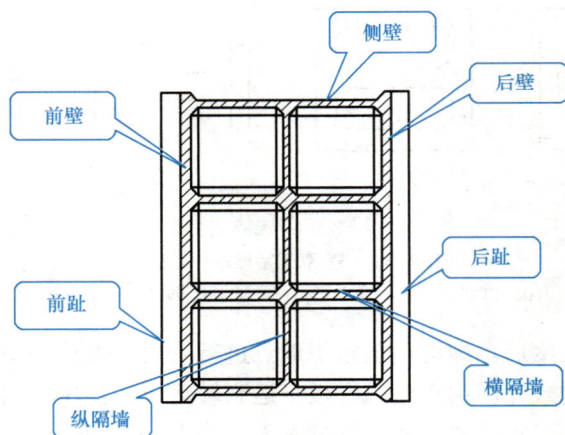

图 6-19　沉箱的组成

25.拓展阅读

沉箱的施工工序是：沉箱的制造→下水浮运沉放（分节预制的沉箱须按高度出运）→箱内填充。

沉箱的预制采用组合钢模板或工具式模板，混凝土浇筑顺序是先浇沉箱底板，后浇侧壁和隔墙。水泥初凝后浇水养护，达到一定强度后方可拆模，养护时间不少于 10d。

沉箱的预制一般有四种方式：滑道式、船坞式、吊放式和挖掘式。滑道式的平台设在滑道一侧或两侧，预制完后用台车溜放下水。船坞式在沉箱预制场预制沉箱，而后在坞室内充水使沉箱浮起并从坞门运出。吊放式则在岸壁或码头承台预制沉箱，然后用起重船吊沉箱下水。挖掘式在砂质岸边预制沉箱，然后用挖泥船挖泥使沉箱滑移下水起浮。

沉箱下水起浮后，水上运输可用浮运拖带法、半潜驳法或浮船坞干运法。拖运沉箱时，沉箱的浮运稳定性在设计时必须进行核算。为增加沉箱浮运过程稳定性，采取临时压载措施以降低重心，压载物可以是水、砂石或混凝土方块等。

沉箱一般按设计高度预制出运。但吨位较大时，不能预制至设计标高，则需运出场外接高，接高方法有坐底接高、漂浮接高两种。

沉箱安装时先用经纬仪和测距仪定线倒距，逐个安装。第一个沉箱必须用四个锚缆定位，以后的沉箱可改用两个锚缆。安装时要及时检查偏位缝宽，如不合格应抽水起浮，重新安装。

沉箱下沉完毕，及时进行填充工作。填充材料一般采用混凝土、块石、渣石、碎石和砂等。

"大圆桶"带来新速度

中交三航局的工程师们将长 40m、宽 20m、高 24m，重达 5000t 的新型桶式基础结构缓缓沉入海底桩基平台（如图 6-20 所示），经过专业测量精准到位。小洋山北作业区工作船码头采用"砂桩地基加固＋新型桶式基础"的新工艺，是国内首次将桶式基础结构应用于外海重力式码头，同时也推动工作船码头施工进入"高速推进"阶段。该工程是国内首次采用桶式基础结构与砂桩复合地基相结合的组合方式，是一种适用于软土地基的新型码头结构形式，相较于传统重力式码头，没有抛石基床，工序更清晰，也更加绿色环保。

图 6-20　小洋山北作业区外海重力式码头的新型桶式基础结构

小洋山北作业区作为上海国际航运中心洋山国际集装箱枢纽港区重要组成部分，是打造长三角世界级港口群的重点项目，建成后将推进小洋山区域合作发展和综合开发，进一步发挥长三角世界级港口群江海联运整体优势，合力提升上海国际航运中心功能地位和我国国际航运竞争力。

6.5　板桩式码头

6.5.1　板桩式码头的组成

板桩式码头靠沉入地基的板桩墙和锚碇系统共同作用来维持稳定性。具有结构简单、材料用量少、造价便宜、主要构件可在预制厂预制、施工方便、速度快、对复杂地质条件适应性强的优点。但其结构耐久性不如重力式码头，钢板桩易锈蚀；施工过程中一般不能承受较大的波浪作用，不适于在无掩护的海港中应用；需要打桩或其他沉桩设备。板桩式码头适用于所有板桩可沉入的地基，多用于中小码头。

板桩式码头主要由前墙、拉杆、锚碇结构、帽梁、导梁、码头设施和排水设施组成，如图 6-21 所示。

1. 前墙

前墙是板桩式码头的基本组成部分，是下部打入或沉入地基的板桩构成的连续墙，作用是挡土并形成码头的直立岸壁。板桩墙常采用钢筋混凝土板桩和钢板桩。

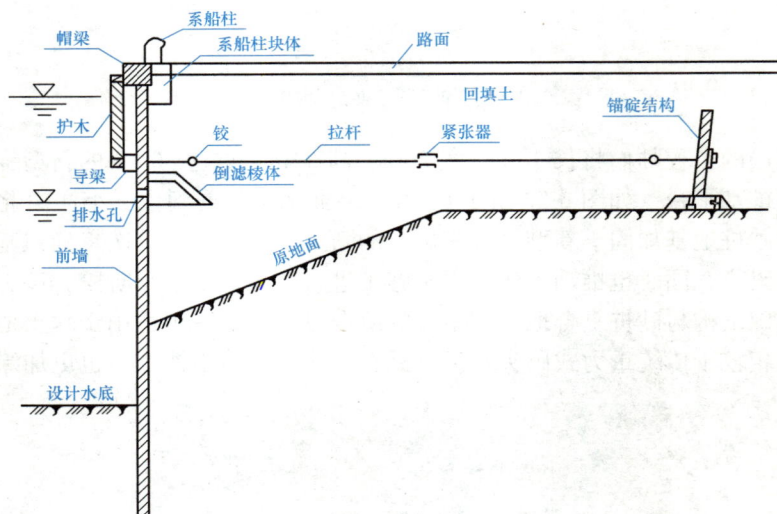

图 6-21　板桩式码头的组成

2. 拉杆

拉杆可传递水平荷载给锚锭结构，以减小板桩的跨中弯矩、入土深度以及顶部向水域方向的位移。拉杆一般采用高强度圆钢。安装时除锈、防腐蚀，设计时预留锈蚀量。

3. 锚锭结构

通过拉杆与前墙相连，承受拉杆拉力，将拉力传至土基。结构形式有锚碇板（墙）、锚碇桩及锚碇叉桩，如图 6-22 所示。

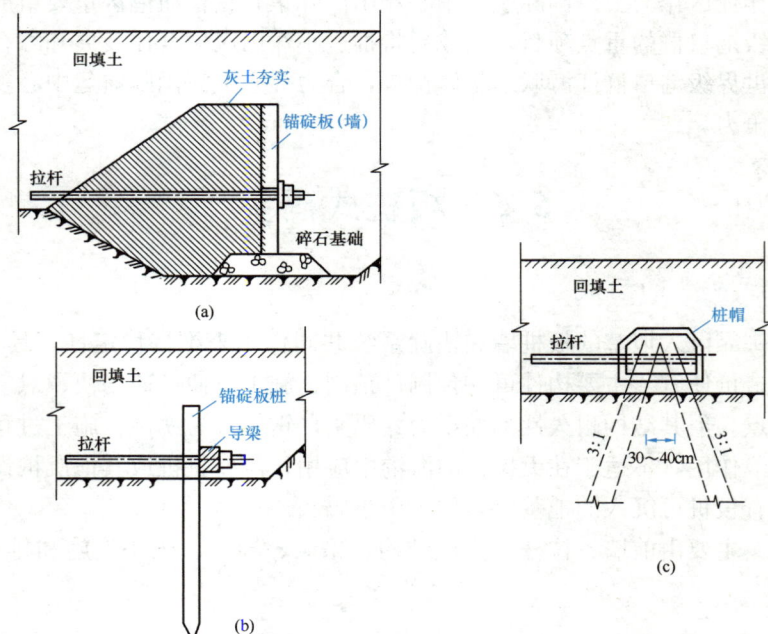

图 6-22　锚锭结构形式
（a）锚碇板（墙）；（b）锚碇桩；（c）锚碇叉桩

4. 帽梁

为了使各单根板桩能共同工作和使码头前沿线齐整，在板桩顶端设有帽梁。一般采用现浇混凝土。

5. 导梁

为了使每根板桩都能被拉杆拉住，需在拉杆与板桩的连接处设置水平导梁，拉杆穿过板桩固定在导梁上。可以采用现浇混凝土，也可采用预制混凝土。

当水位差不大时，拉杆距码头面距离较小，可将帽梁合二为一设计成胸墙。

6. 码头设施

便于船舶系靠和装卸作业。

7. 排水设施

为了减小或消除作用在板桩墙上的剩余水压力，前墙应设排水孔。除墙后回填块石的情况外，排水孔后均应设置倒滤棱体，以防墙后填土流失。

6.5.2 板桩式码头的类型

1. 按所用材料分类

按板桩墙所采用的材料可分为木板桩、钢板桩和钢筋混凝土板桩等。

2. 按锚碇系统分类

板桩式码头按锚碇系统可分为无锚板桩码头和有锚板桩码头，有锚板桩又可分为单锚板桩、双锚板桩和斜拉板桩，如图 6-23 所示。

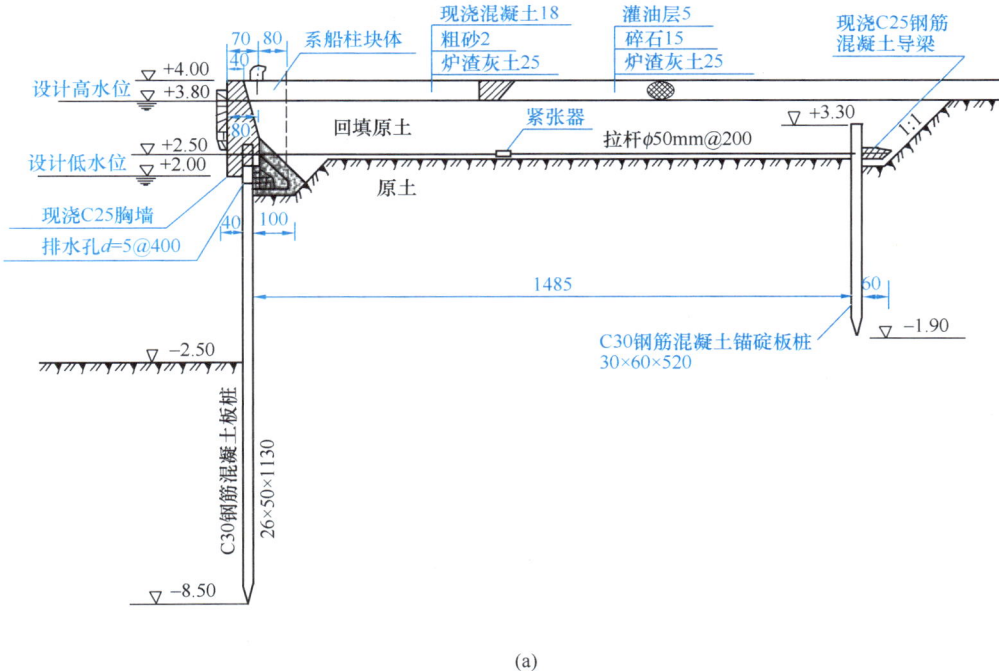

(a)

图 6-23　有锚板桩码头的类型（图中标高尺寸单位是 m，其余尺寸单位为 cm）（一）

（a）单锚板桩

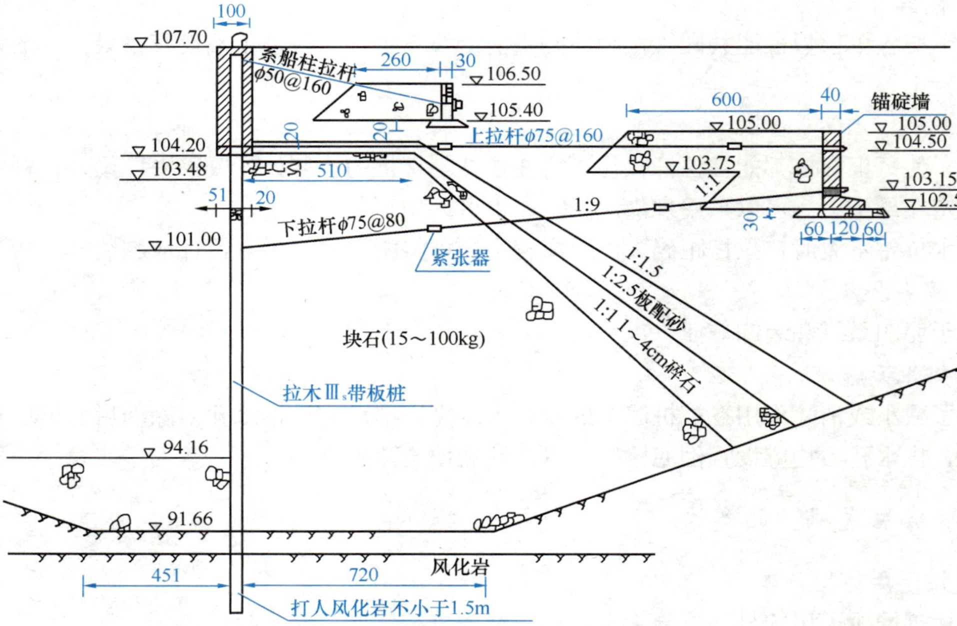

(b)

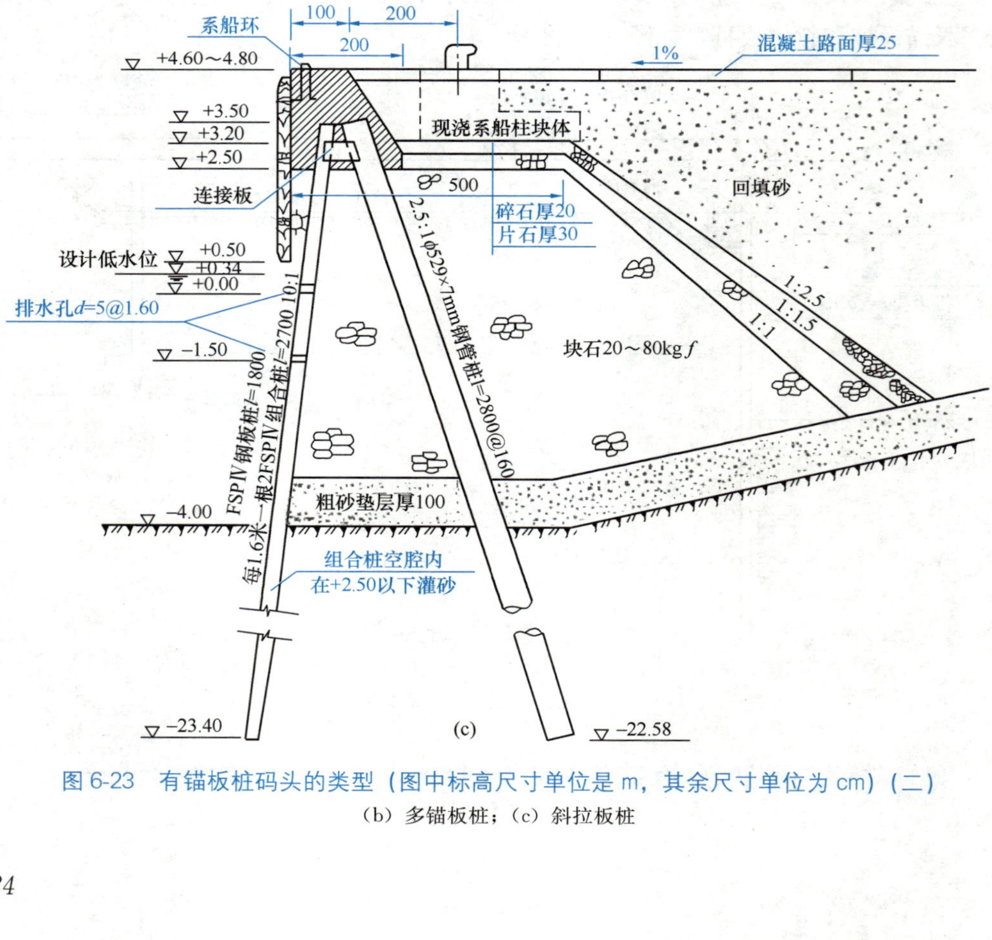

(c)

图 6-23 有锚板桩码头的类型（图中标高尺寸单位是 m，其余尺寸单位为 cm）（二）

（b）多锚板桩；（c）斜拉板桩

124

3. 按板桩墙结构分类

按板桩墙结构分类可分为普通板桩墙、长短板桩结合、地下连续墙和遮帘式板桩或卸荷板等结构形式。

6.5.3 板桩式码头的施工

板桩式码头施工工序主要包括：预制和施打板桩→预制和安装锚碇结构→制作和安装导梁→加工和安装拉杆→浇筑帽梁→墙后回填土→墙前港池挖泥等。

一般先打板桩后挖泥，然后浇筑胸墙，做好锚碇结构，之后安装拉杆；先回填锚碇板前面的土，待锚碇结构有了承载能力后，再回填板桩墙后面的土；一般在码头所有部分都建完后，再将码头前港池挖至设计深度。

板桩墙需用打桩船（水域施工时）或打桩机（陆域施工时）施打。在施打板桩墙时，为了控制墙的轴线位置、保证桩的垂直度、减小桩的平面扭曲及提高打桩的效率，须设置如图 6-24 所示的导向梁或导向架，它们分别用于陆上、水上施打桩墙。

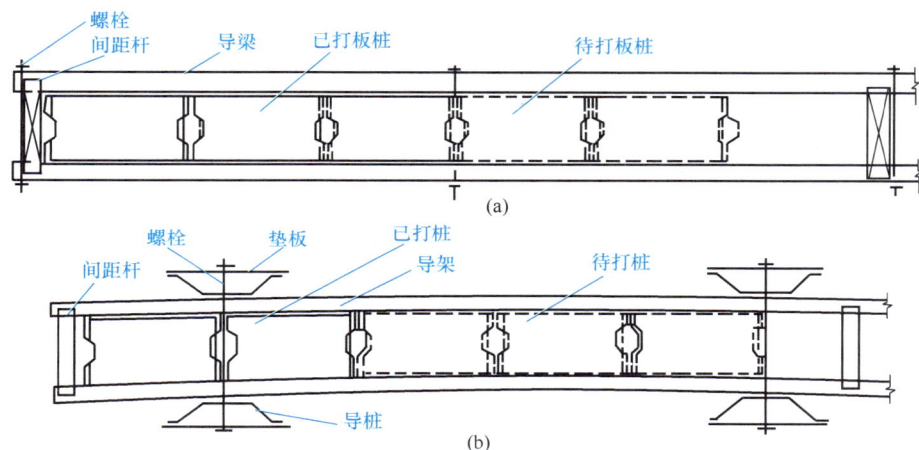

图 6-24 施打钢筋混凝土板桩墙的导向梁、导向架
（a）陆上用导向梁；（b）水上用导向架

施打方式有成排打和单独打两种。打桩方法一般采用锤击法，如遇砂土地基可改用振动法。

锚碇板（墙）基础的灰土和碎石应夯实整平。连续板在现场就地支模现浇；非连续板可预制埋入。板桩式锚碇一般位于陆域内，其施工方法与板桩墙打法相同。斜拉桩式锚碇和叉桩式锚碇距离板桩墙较近，为避免板桩墙受土的侧向挤压力而倾斜，应先打叉桩和斜拉桩，然后打板桩墙。

钢拉杆应在前墙后的回填施工前进行安装。钢拉杆应顺直，张紧拉杆应在锚碇板或锚碇墙回填前完成，且应在前墙、胸墙、导梁和锚碇结构混凝土强度达到设计要求后进行。应采用扭力扳手对拉杆的拉力进行调整，使各拉杆受力均匀并满足设计要求的预拉力。拉杆应进行防腐蚀处理。

26. 榜样力量

【创新思考与创新实践】

中国是水运大国，2020年我国水路货运量达76亿t，港口货物吞吐量达146亿t，承运了我国90％以上的外贸货物。交通运输部发布的水运"十四五"发展规划预测，2025年我国水路货运量、港口货物吞吐量将分别达到85亿t和164亿t，集装箱、原油和LNG（液化天然气）等增长较快，煤炭、铁矿石等维持高位，水路旅游客运量将呈较快增长趋势。

27.创新创业小故事

港口高质量发展迫在眉睫，智慧港口建设势在必行，可融合"新基建"技术，围绕基础设施建设、全过程安全管理等方面，收集"新基建＋智慧港口"建设案例，探讨其创新点。

学生综合学习评价表

评价维度	评价项目	评价指标	学生自评	同伴互评	教师评价
知识	基础性知识	1. 掌握基本概念，如机场、港口			
		2. 掌握机场、港口的功能及分类			
		3. 了解机场、港口的未来发展			
	方法性知识	1. 学会从不同渠道搜集信息并整理			
		2. 主动学习并掌握与本模块内容相关的新概念、新名词			
	创新性知识	1. 了解目前国内外机场及港口建设情况			
		2. 提出机场与港口建设中的新技术应用案例			
能力	语言表达	回答问题言简意赅，有理有据，论证信息正确且充足			
	搜集整理	搜集到足够的学习资料，并提取精华			
	创新思维	能提出独特的观点，主动发现新问题，提出新想法			
综合	自我反思				
	教师评语				

课后习题

1. 什么是机场？一个机场应包括哪些区域？

2. 机场跑道分为几类？

3. 机场道面需要满足哪些使用要求？

4. 机场道面结构层次有哪些？其各自作用是什么？

5. 简述机场道面基层工程施工中厂拌法及路拌法的施工工艺。

6. 简述机场道面面层工程施工中水泥混凝土道面工程及沥青道面工程施工工艺。

7. 什么是码头？码头如何分类？

8. 什么是防波堤？防波堤如何分类？

9. 重力式码头的组成是什么？

10. 简述方块码头和沉箱码头的施工工艺。

11. 板桩式码头的组成是什么？

模块 7 环 境 治 理

模块导读

　　人类在征服自然的过程中，以空前的速度建立了现代的物质文明，同时也造成了对自然环境的破坏。环境问题一直以来都是世界各国普遍关注的焦点。目前，全球变暖、能源匮乏、大气污染和物种灭绝等问题正时刻威胁着人类的生存。中国作为全球最大的发展中国家，环境污染问题同样不容小觑。环境治理不仅关系到当代人的健康，还影响到子孙后代，必须予以关注。

知识目标

　　了解环境治理概述及意义；掌握目前存在的环境问题；熟悉环境保护内容及政策分析；掌握环境治理方式；熟悉环境的可持续发展；了解环境政策实施中的问题与政策建议。

能力目标

　　能熟练描述目前存在的环境问题、环境保护内容及政策分析；能选择合理的环境治理方式。

素质目标

　　培养学生的环保意识；培养爱国主义情怀；培养学生与自然和谐相处的理念。

7.1 环境治理概述

环境是人类生存和发展的基本前提。环境为我们的生存和发展提供了必需的资源和条件。随着社会经济的发展，环境问题作为一个不可回避的重要问题，已被提上各国政府的议事日程。保护环境，减轻环境污染，遏制生态恶化趋势，成为政府社会管理的重要任务。保护环境是我国的一项基本国策，解决全国突出的环境问题，促进经济、社会与环境协调发展和实施可持续发展战略，是政府面临的重要而又艰巨的任务。

2013年，亚洲开发银行和清华大学发布《中华人民共和国国家环境分析》报告，报告称，中国500个大型城市中，只有不到1%达到世界卫生组织制定的空气质量标准。中华人民共和国生态环境部在《2011年中国环境状况公报》中指出，在200个城市4727个地下水监测点位中，较差—极差水质的监测点比例高达55%。环保部门估算，全国每天因重金属污染的粮食高达1200万t，造成直接经济损失超过200亿元。国土资源部此前表示，目前全国耕地土地面积的10%以上已受金属污染，约1.5亿亩。此外，污水灌溉污染耕地3250万亩，固体废弃物堆存占地和毁田200万亩，其中多数集中在经济较发达地区。

按照传统的发展模式，我国已经没有足够的资源和空间来支撑人与自然的可持续发展。我国在人均GDP不足1000美元时就面临着环境治理问题，而发达国家是在3000美元时才开始投入环境治理。虽然我国已经将建设生态文明、坚持可持续发展的理念逐步深化，但近年的污染问题依然没有得到完全有效的解决。

2023年5月29日，生态环境部会同国家发展和改革委员会等部门公布的《2022年中国生态环境状况公报》提到，在全面实施《"十四五"生态环境保护规划》的这一年中，各地区、各部门都以改善生态环境质量为核心，以加快建设生态文明标志性举措为突破口，全力以赴推进生态环境保护各项工作，取得积极进展和成效。2022年全国生态环境质量保持改善态势。环境空气质量稳中向好，地表水环境质量持续向好，管辖海域海水水质总体稳定，土壤环境风险得到基本管控，自然生态状况总体稳定，城市环境质量总体稳定，核辐射安全态势总体平稳。

环境问题不是一个单一的社会问题，它是与人类社会的政治经济发展紧密相关的。环境问题在很大程度上是人类社会发展尤其是那种以牺牲环境为代价的发展的必然产物。西方国家已经进入工业化社会，他们已在偿还工业化起步阶段以来对环境欠下的债务。我国正在进行社会主义现代化建设，正在经历从农业社会向工业社会的过渡。我们决不能走西方国家"先污染，后治理"的老路，而应该提前把环境保护放到一个重要的位置。这既是历史的教训，也是我们面临的必然选择，是在环境危机日益严峻的情况下的一种被动选择。因此环境问题已成为危害人们健康、制约经济社会稳定的重要因素。

7.1.1 环境污染问题现状

经过多年的治理，我国环境污染加剧的趋势得到控制，但是环境污染问题依然相当严重，大气、固体废弃物、水体、土壤等污染问题仍相当严峻。

28. 知识链接

据统计，2002年，全国二氧化硫排放量为260.8万吨，同比下降18%。烟（粉）尘

排放量为 510 万吨，同比下降 16.5%；氮氧化物排放量为 920 万吨，同比下降 12.1%；与 2015 年相比，三项污染物排放量分别下降了 64.3%、68.5% 和 49.6%。但是我国的重大污染事故时有发生，目前仍处于环境污染事故的高发期。这些问题严重影响人们的生产和生活，成为制约我国可持续发展的因素。

7.1.2　生态恶化趋势加剧

生态环境是人类生产和生活中与之发生联系的自然因素的总和，人类的活动必然对这些因素造成或多或少的影响。目前，我国生态环境破坏的范围在扩大，程度在加剧，危害在加重。

土地退化流失严重。根据第一次全国水利普查成果，中国现有土壤侵蚀总面积为 294.9 万 km²，占普查范围总面积的 31.1%。其中，水力侵蚀面积为 129.3 万 km²，风力侵蚀面积为 165.6 万 km²。2017 年，全国新增水土流失综合治理面积为 5.9 万 km²。第五次全国荒漠化和沙化监测结果显示，截至 2014 年，全国荒漠化土地面积为 261.16 万 km²，沙化土地面积为 172.12 万 km²。

我国面临非常严重的水资源危机问题。2018 年 5 月，英国皇家联合服务研究所研究员 Charlie Parton（彭朝思）在探讨中国环境问题的 NGO "中外对话" 的网站上谈论到中国所面临的 "水危机"，他指出中国人均水资源量已经很低，低于国际公认的 "紧张" 线 1700m³。80% 的水资源都分布在南方，因而北方的人均水平其实还要更低。甘肃、陕西、辽宁和江苏 4 个省份的人均水资源量介于 500～1000m³，属于 "短缺"。而天津、宁夏、北京、山东、上海、河北、河南和山西这 8 个省份/直辖市则更是低于 500m³，属于 "严重短缺"。其中，京津冀地区的人均水平其实只有 "严重短缺" 标准的一半。这还不是问题的全部。上述 12 个水资源短缺和严重短缺的省份/直辖市，有着全国 41% 的人口，且贡献了农业总产量的 38%，发电总量的 50%，以及工业总产量的 46%，这些产业都大量耗水。此外，在煤矿行业这一典型高耗水领域，85% 的煤炭储量分布在这些缺水省份。缺水将给中国的经济造成严重影响，若水资源提前耗尽便会直接导致经济崩溃。

2015 年中国北方三大河流——海河、黄河和辽河的水资源开发率（用水量占水资源可利用量的比率）分别高达 106%、83% 和 76%，远远超过世界公认的安全警戒线——40%，黄河的径流量只有 20 世纪 40 年代的 10%，大部分支流长期处于断流状态。仅在 1995～2015 年，中国共有 2.8 万条河流消失。

根据《黄河水利委员会调研报告（2007）》资料，黄河 33.8% 的水资源质量低于联合国的 Ⅴ 类水标准，即此部分水资源无法用于农业或工业生产。到 2017 年，黄河沿岸依旧有 4000 家石化厂，全国河流沿岸共建有 2 万多家石化厂，其中长江沿岸有 1 万多家。污染事件也层出不穷，自 1995 年以来，全国共发生水污染事件 1.1 万起，其中 2014 年 "严重污染" 事件达到 60 起。

生态环境的恶化会严重影响我国经济社会的协调发展和国家生态环境安全。随着科技的发展，人们对物质的需求越来越高。人们在享受物质生活的同时，却往往忽略了周围自然生态环境已逐渐被破坏的事实。清新的空气、壮丽的山河、清脆的蝉鸣声已不复见。如今，伴随着我们成长的却是污浊的河流、混浊的空气及堆积如山的废弃物。因此，生态环境的保护和治理已是当下刻不容缓的事情。

7.2 存在的环境问题

中国环境目前存在的典型问题包括：大气污染、水环境污染、固体废物污染、土地荒漠化和沙灾、水土流失、生物多样性破坏、持久性有机物污染、全球变暖和雾霾等。

1. 大气污染

如图 7-1 所示，我国大气环境面临的形势非常严峻。大气污染物排放总量居高不下。2020 年 6 月 8 日，生态环境部、国家统计局、农业农村部联合发布《第二次全国污染源普查公报》，透露了我国污染源排放的具体情况。其中，大气污染排放是污染源的重要组成部分。调查数据显示，2017 年全国大气污染物排放量为：二氧化硫 696.32 万 t，氮氧化物 1785.22 万 t，颗粒物 1684.05 万 t。其中，重点区域如京津冀及周边地区、长三角地区、汾渭平原地区的大气污染物排放量为：二氧化硫 179.08 万 t，氮氧化物 602.47 万 t，颗粒物 363.48 万 t，挥发性有机物 417.87 万 t。全国大多数城市的大气环境质量未达到国家规定的标准。大气污染是中国目前第一大环境问题。

图 7-1　大气污染

2. 水环境污染

中国是一个干旱缺水严重的国家。淡水资源总量为 28000 亿 m^3，占全球水资源的 6%，仅次于巴西、俄罗斯和加拿大，居世界第 4 位，但人均只有 $2200m^3$，仅为世界平均水平的 1/4，在世界上名列第 121 位，是全球 13 个人均水资源最贫乏的国家之一。然而，人们在科技进步的同时，依然在浪费水资源。

中国七大水系的污染程度由重到轻依次是：辽河、海河、淮河、黄河、松花江、珠江、长江，其中 42% 的水质超过Ⅲ类标准（不能作饮用水源），全国有 36% 的城市河段为劣Ⅴ类水质，丧失使用功能。大型淡水湖泊（水库）和城市湖泊水质普遍较差，黄河多次出现断流现象，75% 以上的湖泊富营养化加剧，主要由氮、磷污染引起。

3. 固体废物污染

固体废物按来源大致可分为生活垃圾、一般工业固体废物和危险废物三种。此外，还有农业固体废物、建筑废料及弃土。《2022 全国大中城市固体废物污染环境防治年报》指出：2022 年全国共有 244 个大、中城市向社会公布了固体废物污染环境防治信息。其中，应开展信息公布工作的 47 个环境保护重点城市和 56 个环境保护典范城市均已依据规定公布信息，另外还有 141 个城市开展了信息公布工作。经统计，此次公布信息的大、中城市一般工业固体废物产生量为 19.2 亿 t，工业危急废物产生量为 2436.7 万 t，医疗废物产生量约为 62.2 万 t，生活垃圾产生量约为 16816.1 万 t。塑料包装物和农膜导致的白色污染已蔓延全国各地，如图 7-2 所示。

图 7-2　固体废物污染

经过多年的治理，大气污染、水污染的情况逐年好转。而工业固体废弃物和城市垃圾产量仍呈逐年攀高的态势。

【创新案例】

29. 拓展阅读

一种无尘高效的建筑材料破碎机

关于如何减少固体废弃物，在实现固体废弃物的再利用方面，四川建筑职业技术学院土木工程系科创协会学生作出了一些尝试。

建筑垃圾在固体垃圾中占极大的比重，回收利用建筑垃圾是亟待解决的问题。科创协会根据市场需求提出了自己的方案。他们从建筑废料破碎方面提出新方向进行创新，发明了阶梯式破碎机，如图 7-3 所示。该产品能够将建筑废渣进行恰到好处的破碎，使其重新进行生产，让建筑废渣变成可以再次利用的机制砂石和空心砖，并通过特殊的机械构造达到了无尘高效。该产品极大地降低了材料成本，同时利用建筑废材，实现机制砂石和空心砖的低成本生产，促进建筑资源循环，减少资源浪费。

4. 土地荒漠化和沙灾

我国每 5 年组织开展一次全国荒漠化和沙化土地调查工作。2023 年 1 月 1 日发布的第六次全国荒漠化和沙化调查结果显示：2019 年，国家林草局组织开展第六次全国荒漠化和沙化调查工作。截至 2019 年，全国荒漠化土地面积为 257.37 万 km²，沙化土地面积为 168.78 万 km²，与 2014 年相比分别净减少 37880km²、33352km²。与 2014 年相比，重度荒漠化土地减少 19297km²，极重度荒漠化土地减少 32587km²。虽然我国荒漠化和沙化土地面积已经连续 4 个监测期保持"双缩减"，首次实现所有调查省份荒漠化和沙化土地"双逆转"，但是面对依旧肆无忌惮的土地荒漠化和沙灾，我们仍然不能掉以轻心。

(a)

(b)

煤矸石

粉煤灰

(c)

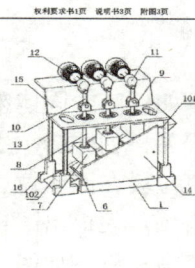

(d)

图 7-3　创新案例：一种无尘高效的建筑材料破碎机

（a）建筑垃圾；（b）机制砂；（c）空心砖；（d）专利

【创新案例】

点沙成土

　　传统沙漠改造的方法，耗费较多的人力和物力，实现种植需要较长的时间成本和大量的水，并且没有从根本上解决沙子结构松散、漏水漏肥、不能形成土壤团粒结构的问题。

　　重庆交通大学易志坚教授带领的科研团队破解了土壤的"力学密码"。

　　通过分析土壤的力学特性，发现土壤具有两种力学状态：干时是固体状态，湿时是流变状态，并且这两种状态能够相互转化。接着，他们探讨了土壤具有这种特性的原因，认为土壤具有"万向结合约束"的特性，正是这种约束使土壤施以温和的力"抱住"植物根系，维持植物稳定，并且能够保水、保肥和透气。但是，沙粒间不具备这种约束，所以表现为一盘散沙。于是，他们想：如果让沙粒间有了这种"万向结合约束"，沙漠土壤化就有可能实现。

易教授从混凝土制备工艺中汲取灵感，设想制作出沙漠沙粒黏合剂。通过黏合剂改变沙子的力学状态，即给沙子颗粒之间施加万向结合约束，使沙子获得土壤般的生态力学属性，不仅具有与土壤一样的力学特性，也具有卓越的存储水分、养分和空气的能力。

自 2008 年至今，该项目历经 10 多年研究，形成一整套较为成熟的理论与技术、施工工艺和方法。目前已在国内内蒙古、新疆、四川、福建、南海岛礁和西藏等地，以及中东和非洲撒哈拉沙漠等进行了实地验证，获得授权国内发明专利 17 项、国际发明专利 7 项。

2017～2019 年，项目通过中试，在规模化实施工艺方法、生态修复以及产业化方向均取得良好效果，达到规模化推广条件。相比传统的治沙技术，该项目具有高效节水、环境友好、资源节约等优点，且方便推行专业化和数字信息化的机械作业，顺应现代化农业的发展趋势，经济、社会和生态效益显著，对国家生态安全、粮食安全等具有重要意义，也为全球沙漠治理提供了借鉴。

5. 水土流失

全国每年流失的土壤总量达 50 多亿 t，每年流失的土壤养分为 4000 万 t 标准化肥（相当于全国一年的化肥使用量）。自 1949 年以来，中国水土流失毁掉的耕地总量超 4000 万亩，这对中国的农业是极大损失。

6. 生物多样性破坏

中国是生物多样性破坏较严重的国家，高等植物中濒危或接近濒危的物种达 4000～5000 种，约占中国拥有的物种总数的 15%～20%，高于世界 10%～15% 的平均水平。在联合国《国际濒危物种贸易公约》中列出的 640 种世界濒危物种中，中国有 156 种，约占总数的 1/4。

7. 持久性有机物污染

随着中国经济的发展，难降解的持久性有机物污染开始出现。国际上签署了《关于持久性有机污染物的斯德哥尔摩公约》，其中确定的首批禁止使用的 12 种持久性有机污染物在中国的环境介质中多有检出，中国是公约的签字国。这类有机污染物具有转移到下一代体内，并在多年后显现其危害的特点，也被称为"环境激素"或"环境荷尔蒙"，危害严重。目前这类有机污染物广泛存在于工农业和城市建设等使用的化学品之中。

8. 全球变暖

温室气体的排放导致全球变暖，海平面上升，南北两极冰面消融，地表与海水温度，以及温室气体浓度创纪录地上升。此外，极端气候所带来的影响越发严重，全球出现多起极端天气事件，经济损失巨大，带来了致命的严重后果。且应对全球变暖的努力依然赶不上气候变化发展的速度。目前全球普遍认为导致全球气候变暖主要是人为因素，人类的活动加剧了全球的气温变化。

9. 雾霾

雾霾其实是雾与霾的统称，雾与霾的区别十分大。一般相对湿度小于 80% 时的大气混浊、视野模糊导致的能见度恶化是霾造成的，相对湿度大于90％时的大气混浊、视野模糊导致的能见度恶化是雾造成的，相对湿度介于80～90％时的大气混浊、视野模糊导致的能见度恶化是霾和雾的混合物共同造成的，但其主要成分是霾。

随着雾霾污染出现，中国为生产力下降和健康所付出的代价正急剧上升。雾霾天气给生产带来了很大的威胁，会阻碍产业的生产与发展，从而影响经济发展。而更为严重的是对人类健康的威胁，霾在进入人的呼吸道后对人体有害，不仅会导致喉咙干痛、头痛、头晕、眼睛肿痛等症状，也会对呼吸系统、神经系统、心血管系统有危害，更严重的是会导致长期吸入者死亡。

7.3　环境保护内容

环境保护是指人类为解决现实的或潜在的环境问题，协调人类与环境的关系，保障经济社会的持续发展而采取的各种行动的总称。采取行政管理、法律、经济、科学技术等多方面的措施，合理地利用自然资源，防止环境的污染和破坏，以求保持和发展生态平衡，扩大有用自然资源的再生产，保证人类社会的发展。环境保护涉及的范围广、综合性强，它涉及自然科学和社会科学的许多领域，还有其独特的研究对象。环境保护至少包含三个层面。

1. 对自然环境的保护

防止自然环境的恶化。包括对青山、绿水、蓝天和大海的保护。这里就涉及到了不能私采（矿）滥伐（树）、不能乱排（污水）乱放（污气）、不能过度放牧、不能过度开荒、不能过度开发自然资源、不能破坏自然界的生态平衡等。这个层面属于宏观的，主要依靠各级政府行使自己的职能、进行调控，才能够解决。

2. 对地球生物的保护

包括物种的保全，植物植被的养护，动物的回归，生物多样性，转基因的合理、慎用，濒临灭绝生物的特别、特殊保护，灭绝物种的恢复，栖息地的扩大，人类与生物的和谐共处，不欺负其他物种等。

3. 对人类生活环境的保护

为更适合人类工作和劳动的需要，涉及到人们的衣、食、住、行、玩的方方面面，都要符合科学、卫生、健康、绿色的要求。这个层面属于微观的，既要靠公民的自觉行动，又要依靠政府的政策法规作保证，依靠社区的组织教育来引导，要工农兵学商各行各业齐抓共管，才能解决。

这三个层面你中有我、我中有你，各有侧重而又相互统一，三者并不矛盾，更不对立。对于公民来说，对居住、生活环境的保护，就是间接或直接地保护了自然环境；破坏了居住、生活环境，就是间接或直接地破坏了自然环境。对于政府来说，既要着眼于宏观的保护，又要从微观入手，发动教育群众，使环境保护成为公民的自觉行动。

7.4　环境治理方式

我国政府现行的环境治理主要通过三种措施进行：命令强制、经济刺激和劝说鼓励。

命令强制措施是目前我国同时也是大部分国家政府环境管理的主要政策手段。经济刺激措施和劝说鼓励措施是创新型的环境政策管理手段，受到政治、经济和社会条件的限制，在我国的生态环境管理中仍处于完善和发展阶段。环境影响评价制度和"三同时"制度是被法律所确认并强制执行的，是环境保护领域中最普遍适用和基础的制度。自20世纪70年代确立以来，环境影响评价制度和"三同时"制度得到了长足的发展，但是依然存在着许多的问题。如我国目前环境评价范围一般只是局限在单个的建设项目上，较少从宏观决策和整体规划上考虑环境和资源因素；同时对环境评价的具体时间没有规定，往往是立项之后或很多工作都做完之后才开始环境评价，这会造成环境影响评价流于形式，并不能实现"源头治理"。

政府经济刺激措施中最具有代表性的就是排污收费制度，试图通过收取排污费、生态补偿费、环境赔偿费等费用促使企业管理者减少污染的排放。排污收费制度已经实施了二十余年，其中的缺陷逐渐显现出来。首先，排污收费法律制度中规定的超标排污收取排污费的相关规定，已经不足以控制我国现在的排污量。企业根据此类法规可以不受限制地任意超标排放，只要交相应的超标费用即可，因此我国的污染排放总量居高不下。同时，排污的数据是由企业本身来提供的，数据的真实性又无法核实，这就导致了收费制度没有发挥出应有的效果，长期处于失控状态。此外，我国的排污费是由设立费用的部门来收取的，同一类型的排放费有着不同的名目，缺乏透明性。基于排放收费制度种种缺陷，改革势在必行。

自愿性环境协议是我国从2003年开始引进实施的一种劝说鼓励措施，是指企业在自愿的基础上，为提高能源效率和减少污染排放量而与政府达成的协议。协议中规定有惩罚措施，如果企业未能按照协议的规定履行，将直接导致立法管制或承担更严格的责任；协议的透明度非常高且具有法律约束力。目前我国的环境自愿性协议还处于起步阶段，企业和社会对环境资源性协议并不了解，积极主动的环保意识也不强烈，必须要有法律和政策的引导和保障，否则很难调动企业的积极性。所以我国要加强相关环境立法，完善和发展环境自愿性协议。

以上三种类别的治理措施，各有特点和作用。为了实现社会和自然的可持续发展，我们应该充分了解并发挥这些环境治理措施的作用，科学地将这些措施进行组合，制定出符合我国当前发展需要的环境政策，以便更好地解决环境污染问题和社会发展之间的矛盾。命令强制措施在任何国家都属于最传统的环境管理方式方法，进一步完善和发展必须克服它的局限性。首先，政府要掌握大量、准确的污染源信息，才能够制定合理的命令强制政策。同时政策的制定必须要有预见性，随着科技的进步和经济的发展，政策的制定也要能够跟上发展速度，使得命令强制措施实时符合环境治理的需要。此外，要进一步建立和规范监督惩罚机制，使命令强制措施的实施能够实现"源头治理"的效果，并发挥其威慑作用。经济刺激措施可以低成本地实现消减污染的目标，同时也刺激企业在减少污染方面进行技术革新，但从目前来看，仍是命令强制措施的一个补充手段，并不是最主要的措施。由于排污等标准的制定在一定程度上受到污染物质的特性、空间因素，以及监督能力的限制，所以需要政府作为规则制定者，对市场进行有效的引导和规范。经济刺激措施也要跟上时代的发展进行改进，同时政府应该鼓励企业进行技术革新，对技术革新的企业进行奖励，促使环保技术的传播和发展，提高经济刺激措施的灵活性和实施效率。劝说鼓励型措施是持续性最强、长远效果最好的环境政策手段。通过劝说鼓励型措施的实施，使得社会环境价值观和全民环境保护意识逐渐增强、环境信息公开透明、企业能够自愿参与环保工作、减少自身对环境的污染等，这对环境保护的推动力是巨大而持久的。环境信息公开要在更广泛的范围内进行传播，以增加环境信息的透明度和公开性，从而促进公众对环境质量的监督。对于签订自愿性协议这样的新方式，我国要大力倡导，以更加灵活的方式鼓励企业实现比现行环保法规标准更高的环境保护目标。面对日益严重的环境污染问题，我国政府应该高度重视各项环境政策的制定、环境保护措施的实施。在向西方发达国家借鉴经验的同时，也要立足于中国国情，对各项政策、措施进行完善，将命令强制措施、经济刺激措施和劝说鼓励措施结合起来使用，在强调政府发挥主导作用的同时，重视利用市场经济手段和重视发挥公众参与的作用，形成政府指引、市场推动和公众广泛参与的新机制、新模式，不仅解决环境污染和损害的问题，而且转变社会的生产和消费模式和人们的环境价值观念。环境保护刻不容缓，但是环境保护政策措施却不是一蹴而就。随着政府对环境保护事业的不断重视，中国的环境污染问题一定会得到有效解决。

30. 知识链接

7.4.1 水的治理

水是生命之源，是人类生存和发展不可缺少的重要资源之一。但是，我国当前水资源匮乏，随着经济飞速发展，水资源供需矛盾突出，同时水污染严重，如何应对发展中的污染问题呢？

目前，全世界都为洁净水危机而烦恼，尽管我国的水资源总量在世界居第 6 位，但人均水资源占有量不足 $2200m^3$，只有世界平均水平的三成，在世界排第 110 位，已被联合国列为 13 个贫水国家之一。而且，中国的江河湖泊是工厂倾倒有毒废水的下水道，水污染事件不断发生。

目前我国水污染严重。随着工业化、城镇化深入发展，我国水资源面临的形势将更为严峻。水资源危机成为了威胁全球可持续发展的突出问题。

根据一般观点，水体的污染主要来源于三个方面：工业废水、农业废水和生活废水。这些污染源所携带的污染物是伸向水体安全的"恶手"。水体的污染物主要有以下类别：重金属、磷、油类物质、石油化工洗涤剂、死亡有机质、酸类、悬浮物、有机和无机化学药品等。这些物质通过水体直接或间接地危害生态环境和人类自身的安全。目前我国已经初步建立以环境保护为核心的较为完备的法律法规体系，其中，《水法》与《水污染防治法》成为了对抗水污染的利器。

治理水污染，问题在水里但关键在陆上。要全面排查重金属排放企业。另外，继续加强污染治理和污染减排重点企业监管，加强对城镇污水处理厂和各类工业园区污水处理厂的日常监督检查。督促地方加强配套管网的规划和建设，推进雨污分流系统的改造和完善，提高城市污水管网覆盖率和污水收集率；加快对现有污水处理设施进行脱氮的升级改造；加强排入污水处理厂的工业企业废水排放监管，防止超标废水排入污水处理厂。严厉打击擅自停运、在线监控设施不能正常运行和超标排放等环境违法行为。

7.4.2 大气的治理和保护

凡是能使空气质量变差的物质都是大气污染物。大气污染物目前已知的约有 100 种。大气污染物的来源有自然因素（如森林火灾、火山爆发等）和人为因素（如工业废气、生活燃煤和汽车尾气等）两种，并且以后者为主要因素，尤其是工业生产和交通运输。大气污染主要过程由污染源排放、大气传播、人与物受害这三个环节构成。影响大气污染范围和强度的因素有污染物的性质（物理和化学）、污染源的性质（源强、源高、源温度和排气速率等）、气象条件（风向、风速和温度等）、地表性质（地形起伏、粗糙度和地面覆盖物等）。防治方法很多，根本途径是改革生产工艺，将污染物消灭在生产过程之中。另外，全面规划，合理布局，减少居民稠密区的污染；在高污染区，限制交通流量；选择合适厂址，设计恰当烟囱高度，减少地面污染；在最不利气象条件下，采取措施，控制污染物的排放量等都是行之有效的办法。污染物按其存在状态可分为两大类。一种是气溶胶状态污染物，另一种是气体状态污染物。气溶胶状态污染物主要有粉尘、烟液滴、雾、降尘、飘尘和悬浮物等。气体状态污染物主要有以二氧化硫为主的硫氧化物、以二氧化氮为主的氮氧化物、以二氧化碳为主的碳氧化合物以及碳氢化合物。大气中不仅含无机污染物，而且含有机污染物。并且随着人类不断开发新的物质，大气污染物的种类和数量也在不断变化着，就连南极和北极的动物也受到了大气污染的影响。

7.4.3 土壤的治理

土壤污染物大致可分为无机污染物和有机污染物两大类。无机污染物主要包括酸、碱、重金属，盐类，放射性元素铯、锶的化合物，含砷、硒、氟的化合物等。有机污染物主要包括有机农药、酚类、氰化物、石油、合成洗涤剂、3，4-苯并芘以及由城市污水、污泥及施肥带来的有害微生物等。当土壤中含有害物质过多，超过土壤的自净能力时，就会引起土壤的组成、结构和功能发生变化，微生物活动受到抑制，有害物质或其分解产物在土壤中逐渐积累通过"土壤→植物→人体"或"土壤→水→人体"间接被人体吸收，危害人体健康。土壤的防治有以下三种方式。

1. 科学地进行污水灌溉

工业废水种类繁多、成分复杂，有些工厂排出的废水可能是无害的，但与其他工厂排出的废水混合后，就变成有毒的废水。因此，在利用废水灌溉农田之前，应按照《农田灌溉水质标准》GB 5084—2021 的规定进行净化处理，这样既利用了污水，又避免了对土壤的污染。

2. 合理使用农药

合理使用农药，不仅可以减少对土壤的污染，还能经济有效地消灭病、虫、草害，发挥农药的积极效能。在生产中，不仅要控制化学农药的用量、使用范围、喷施次数和喷施时间，提高喷洒技术，还要改进农药剂型，严格限制剧毒、高残留农药的使用。合理施用化肥，根据土壤的特性、气候状况和农作物生长发育特点，配方施肥，严格控制有毒化肥的使用范围和用量。增施有机肥，提高土壤有机质含量，可增强土壤胶体对重金属和农药的吸附能力。如褐腐酸能吸收和溶解三氯杂苯除草剂及某些农药，腐殖质能促进镉的沉淀等。同时，增加有机肥还可以改善土壤微生物的流动条件，加速生物降解过程。

3. 施用化学改良剂

在受重金属轻度污染的土壤中施加抑制剂，可将重金属转化为难溶的化合物，减少农作物对重金属的吸收。常用的抑制剂有石灰、碱性磷酸盐、碳酸盐和硫化物等。例如，在受镉污染的酸性、微酸性土壤中施用石灰或碱性炉灰等，可以使活性镉转化为碳酸盐或氢氧化物等难溶物，改良效果显著。因为重金属大部分为亲硫元素，所以在水田中施用绿肥、稻草等，在旱地上施用适量的硫化钠等有利于重金属生成难溶的硫化物。另外，可以种植抗性作物或对某些重金属元素有富集能力的低等植物，用于小面积受污染土壤的净化。如抗镉能力强的玉米，抗镍能力强的马铃薯、甜菜等。有些蕨类植物对锌、镉的富集质量分数可达百万分之数百甚至百万分之数千，例如，在被砷污染的土壤上谷类作物无法生存，但在其上生长的苔藓砷富集质量分数可达 $1250×10^{-6}$。总之，按照"预防为主"的环保方针，防治土壤污染的首要任务是控制和消除土壤污染源，对已污染的土壤，要采取一切有效措施，清除土壤中的污染物，控制土壤污染物的迁移转化，改善农村生态环境，提高农作物的产量和品质，为广大人民群众提供优质、安全的农产品。

7.4.4　固体废物污染的防治

生活垃圾是指在人们日常生活中产生的废物，包括食物残渣、纸屑、灰土、包装物和废品等。一般工业固体废物包括粉煤灰、冶炼废渣、炉渣、尾矿、工业水处理污泥、煤矸石及工业粉尘。危险废物是指易燃、易爆，具有腐蚀性、传染性和放射性等特性的有毒有害废物，除固态废物外，半固态、液态危险废物在环境管理中通常也划入危险废物一类进行管理。固体废物具有两重性，也就是说，在一定时间、地点，某些物品因对用户不再有用或暂不需要而被丢弃，成为废物；但对另一些用户或者在某种特定条件下，废物可能成为有用的甚至是必要的原料。固体废物污染防治正是利用这一特点，力求使固体废物减量化、资源化和无害化。对那些不可避免地产生和无法利用的固体废物需要进行处理处置。固体废物还有来源广、种类多、数量大和成分复杂的特点。因此，防治工作的重点是按废物的不同特性分类收集运输和储存，然后进行合理利用和处理处置，减少环境污染，尽量变废为宝。

【创新案例】

变废为宝

北京服装学院服饰艺术与工程学院师生利用设计科学进行废旧垃圾再利用的设计实验。通过设计让垃圾变资源，实现废物再利用。

设计师选用贝壳、玻璃、锈金属等海滩废弃物为主要实验样本，一方面按照不同材料、不同比例与陶土、瓷土混合，注入模具内，充分干燥之后，使用中国传统的陶瓷烧制工艺高温煅烧，从而得到了一种特殊的新材料。这种材料拥有多孔、有光泽、方便切割、运输和美观等特点，适用于表面装饰等领域。另一方面，把现有的工业原料水泥与海滩废物样本材料按不同比例混合，制作成不同视觉效果的新型环保材料。设计师将获得的材料进行切割，得到不同规格大小和厚度的材料，制作成时尚配饰产品。

他们的设计让海洋垃圾从废弃物变成了具备时尚属性的首饰产品，同时让这些首饰产品的生命周期以及文化属性得到延展。这套设计实验方法所创造的材料未来可以进行大批量、大尺寸的板材制作，拓宽材料的应用领域，让更多的海洋垃圾通过设计变为循环利用资源。

传统工业的发展给环境带来严重威胁，如何减少工业废弃物已迫在眉睫。在这个实验中，设计师尝试向自然学习，运用更自然的方式处理工业废弃物，从而获得新型材料。

7.5　环境的可持续发展

经济和社会发展是在环境中进行的，环境既是经济和社会发展的基础，又是制约经济和社会发展的因素。我国人口众多，人均占有自然资源相对不足，环境污染和环境破坏会严重影响我国经济社会的持续发展。

环境问题，既是经济问题，又是社会问题。环境保护直接关系到我们国家的强弱、民族的兴衰、社会的稳定，关系到我国经济和社会的可持续发展战略的实施。人类经济和社会要实现可持续发展，做到有不竭的发展潜力和后劲，不危及后代人的发展，必须"在不超越资源与环境承载能力的条件下，在不危及后代人需要的前提下，寻求满足我们当代人需要的发展途径"，也就是要求发展与人口、资源以及环境的承载能力相协调，要求当代人的发展不应该损害下一代人的利益，当代的一部分人的发展也不应该损害另一部分人的利益，而人口、资源问题是解决环境问题必须面对的难题，之前因为人口增长过快，自然资源和生态环境压力日益沉重。而自然资源的过度开采、破坏和浪费也会直接引发环境问题。为此，要实现人类经济和社会的可持续发展，必须在人口数量、人口素质和资源的开发利用上匹配；依法保护和治理环境，使人口、资源、环境与社会发展相协调，努力实现良性循环。

可持续发展战略已为国际社会广泛接受、认同。世界环境与发展委员会于1987年发表的《我们共同的未来》中将可持续发展定义为：既满足当代人的需求，又不危及后代人满足其需求的发展。从社会观角度，可持续发展主张公平分配，包括发达国家与发展中国家资源的公平分配，当代人和后代人资源的公平分配；从经济观角度，可持续发展主张在保护地球自然系统的基础上实现经济持续增长；从自然观角度，可持续发展主张人与自然和谐发展。

可持续发展主要包括自然资源与生态环境的可持续发展、经济的可持续发展、社会的可持续发展三个方面，是三个方面相互影响的综合体。可持续发展战略的实施是一项系统工程，它是对传统发展模式的挑战，它谋求建立新的发展模式和消费模式，这意味着一个国家或地区的经济发展和社会发展进程要从现在运行的传统模式转变到一个新的模式，它涉及方方面面、各行各业，并存在着错综复杂的关系。

可持续发展是中国彻底摆脱贫穷、人口、资源和环境困难的唯一选择。面对这一严峻的形势，我们应该做到以下几点。

1. 植树造林，构筑"绿色屏障"，改善生态环境

森林和草地作为陆地生态系统中最重要的部分，是自然界物质和能量交换的最重要的枢纽。加强植树种草，建设农田防护林、水土保持和水源涵养林等，提高流域森林植被覆盖率，形成"绿色屏障"，极有利于防治水土流失，保护耕地和草地，抵御不利气候，延

缓大气 CO_2 浓度的上升，改善生态环境。相关研究数据表明，我国森林覆盖率远低于全球平均水平，仅为 16.6%，这与美国的 33%、日本的 68%、芬兰的 69% 等相差较大，林业生态环境状况不容乐观，环境恢复问题迫在眉睫，在可持续发展理念下，林业发展须关注生态环境，走可持续绿色发展道路。目前，林业生态环境存在的主要问题为森林的木材加工制造业及其他林业开采导致林业环境的破坏和相关生态污染等问题，如严重的土地荒漠和水土流失。在人口基数大、森林资源分布不均等背景下，发展不协调、不平衡的生态林业成为生态环境可持续发展道路上的一大阻碍。

2. 建立综合协调的资源环境管理体系

对有限的资源统筹，进行合理开发，充分利用和有效保护，创造一种整体的优势，将分立决策变为综合决策，将条块管理变为协调管理。

3. 提高公众环境意识，树立生态道德观念

在面临严峻资源环境问题的情况下，亟须加强资源环境的普及教育，实施全民性的资源环境国情教育，增强民众的资源环境意识，建立新的环境资源价值观，形成尊重自然、保护环境、珍惜资源的好风尚。还要加强环境保护与可持续发展理论的宣传，认真贯彻执行环境保护有关法规和条例，实行城乡经济环境建设的规划、实施、发展"三同步"方针，以推动环保工作顺利发展，使环境建设和环境保护成为民众的共同行动。同时，还应在全社会大力提倡和树立生态道德观念，克服那种只看到自身、局部和眼前经济利益而不顾及别人、全局和后代安危的缺乏生态道德观念的种种表现，唤起民众重视环境与生态，以便沿着可持续发展之路阔步前进。

加大对可再生能源的利用，如太阳能、风能等，这些能源干净环保且可再生。生态环境的保护和可持续发展，要通过人为的政策、观念、技术等方面来有效控制人类活动对环境的污染。近年来发展的使用热回收式空气源热泵空调、生态污水处理系统、地热供暖系统的绿色建筑正满足了未来城市发展的迫切需求，对环境生态的保护以及合理利用，具有重要意义。以地热供暖应用为例，可以减少建筑供暖的能源消耗，从而实现地热水资源的循环利用。另外，还要充分调研建筑群体所在地域的可再生能源的具体分布情况，更好地提高利用率。零能建筑的出现也为绿色建筑未来发展奠定了基础。需要注意的是，零能建筑和太阳能的应用不完全等同于绿色建筑。如果不经过合理规划和前期节能、省材、科学的设施建设，不能及时处理污水、废气等排放，仍会带来高造价、环境污染等不利结果。因此要合理设计，整体布局，才能有效地发挥其生态节能作用。

31. 榜样力量

【创新思考与创新实践】

我国的环境保护政策不是一项单一的具体政策，而是已经形成一个完善的政策体系。在党的二十大报告中，专门利用了一个章节来阐述环境问题这个重点领域。请同学们认真学习党的二十大报告内容，了解其中关于环保问题的内容，结合所学知识，利用周末对本地的环境保护问题开展调研，调研环保领域的新材料、新技术或新方法，结合本地实际，探索环境治理可能的创新突破方向。

32. 创新创业
小故事

<h3 style="text-align:center">学生综合学习评价表</h3>

评价维度	评价项目	评价指标	学生自评	同伴互评	教师评价
知识	基础性知识	1. 掌握基本概念，如环境治理			
		2. 熟悉环境保护内容及政策分析			
		3. 掌握目前存在的环境问题			
	方法性知识	1. 学会从不同渠道搜集信息并整理			
		2. 主动学习并掌握与本模块内容相关的新概念、新名词			
	创新性知识	1. 了解环境政策实施中的问题与政策			
		2. 提出环境治理的方式			
		3. 提出环境可持续发展的策略			
能力	语言表达	回答问题言简意赅、有理有据、论证信息正确且充足			
	搜集整理	搜集到足够的学习资料，并提取精华			
	创新思维	能提出独特的观点，主动发现新问题，提出新想法			
综合	自我反思				
	教师评语				

课后习题

1. 我国目前存在的环境问题有哪些？呈现出什么样的状况？
2. 水体的污染主要来自于哪些方面？
3. 土壤的防治从哪些方面着手？

模块 8　水　利　工　程

模块导读

　　水利是国民经济的基础产业，水资源、水能资源是经济和社会发展的重要物质基础，我国水利工程建设已取得巨大的成就，为我国经济建设迅速发展和社会长期稳定创造了条件。但在水资源开发进程中，仍存在防洪标准低、洪涝灾害频繁、水资源紧缺、供需矛盾突出、水污染严重、生态环境恶化以及水能资源开发利用程度不高等问题。水资源的可持续利用是我国社会经济可持续发展的有力支持，而水利工程的修建过程，要受到社会、自然条件、经济、技术设施、生态环境等因素制约，所以，在满足兴利除害的目标之外，还要最大限度地满足社会需要，取得满意的社会效益和经济效益。

知识目标

　　了解水资源含义及我国水资源的分布特点；熟悉水利工程的分类及其组成；了解水利工程的施工工艺。

能力目标

　　能辨别水利工程的类型；能区分水流控制和爆破的方法；能简述混凝土坝工程的施工流程。

素质目标

　　培养学生的爱国主义情怀；培养学生的安全意识和规范意识；培养学生的创新意识。

8.1　水利工程基本概述

8.1.1　水资源

在广义上，水资源指的是地球上所有的气态、液态和固态的水。而在工程实际中，水资源是指人类可以利用的那部分水，主要是指某一地区逐年可以天然恢复和更新的淡水资源。水资源具有储量的有限性、补给更新的循环性、时空分布的不均匀性、利与害的两重性、可储藏可输移、用途广泛且不可替代等特点。除此之外，我国的水资源还有以下特点：总量丰富，但人均占有量少，水资源相对缺乏；空间分布不均衡，南多北少；时间分布不均衡，年内和年际都存在分布不均衡；工农业用水不均衡，农业用水占 70％～80％，而城市和工业严重缺水；水资源分布与耕地人口的布局严重失调；水质污染和水土流失严重。

8.1.2　水利工程

1. 水利工程的概念

所谓水利，是人类社会为了生存和发展的需要，采取各种措施，对自然界的水和水域进行控制和调配，以防治水旱灾害，开发利用和保护水资源。研究这类活动及其对象的技术理论和方法的知识体系称为水利科学。

水利工程是用于控制和调配自然界的地表水和地下水，以达到除害兴利目的而修建的工程。水利工程原是土木工程的一个分支，由于水利工程本身的发展，现在已成为一门相对独立的学科，但仍和土木工程有密切的联系。水利工程的首要任务是消除水、旱灾害，保障人们的生命财产安全；其次是利用河水灌溉，增加粮食产量；最后是利用水力发电、城镇供水、交通航运、旅游、生态恢复和环境保护。

2. 水利工程的分类

水利工程按照其服务对象的不同可分为：防洪工程、农田水利工程、灌溉和排水工程、水力发电工程、航道与港口工程、水土保持和城镇供水与排水工程等；按照其对水调配作用的不同可分为：蓄水工程、排水工程、取水工程、输水工程、提水工程、水质净化工程和污水处理工程。

3. 水利枢纽与水工建筑物

一般情况下，为了满足防洪要求，获得灌溉、发电和供水等方面的效益，需要在河流的适宜地段修建不同类型的建筑物，用来控制和分配水流，这些建筑物统称为水工建筑物，而不同类型的水工建筑物组成的综合体称为水利枢纽。水工建筑物按其作用可分为以下几类：①挡水建筑物：其作用是阻挡或拦束水流，调解上游水位，以水坝、河堤为代表；②泄水建筑物：其作用是保证从水库中安全可靠地放泄多余或需要的水量，设置在坝体上或附近河岸，以溢洪道、水闸为代表；③专门水工建筑物：为了工程需要而兴建的建筑物，以水力发电站、各种输水渠道为代表。

4. 水利工程的特点

（1）工作条件复杂，施工难度大。

（2）受各地的自然条件影响大。

（3）大型水利工程投资大、工期长，对社会、经济和环境有很大影响。

（4）失事后果严重。

8.2　水利工程的基本类型

8.2.1　农田水利工程

农田水利工程一般包括取水工程、输水配水工程和排水工程。即通过兴建和运用各种水利工程措施，解决农田灌溉和排涝，改善农田水分状况、地区水利条件，以及土壤改良工作等。用人工设施将水输送到农业土地上，补充土壤水分、改善作物生长发育条件的过程称为灌溉。灌溉水源包括天然河水、水库、湖泊、池塘、洼地蓄水，经净化处理后的排放污水，高山融雪和地下水。灌溉方法一般有地面灌溉、喷灌、微灌和滴灌等形式，如图 8-1、图 8-2 所示。农田排水的目的是排除地面积水和降低地下水位，有明沟排水系统、暗管排水系统和竖井排水系统。

图 8-1　微灌

图 8-2　喷灌

【创新案例】

膜下滴灌技术

膜下滴灌技术是滴灌的创新技术，如图 8-3 所示。滴灌是当前最先进的灌水技术之一，覆膜种植是应用最广泛、成本最低廉、操作最简便的栽培技术，膜下滴灌技术将两者结合，具有节水调质以及增产效应的优点。水分在从土壤到大气循环的途中被地膜阻隔，并在膜下形成液-汽-液循环，使水分散失有效降低，既减少了地温的散失，又能将水分聚集在作物根系，保证作物生长。

1. 取水工程

取水工程是指将河水引入渠道，以满足农田灌溉、水力发电、工业及生活供水等需求的工程。因取水工程位于渠道的首部，所以也称渠首工程，灌溉取水方式如图 8-4 所示。

图 8-3　膜下滴灌技术

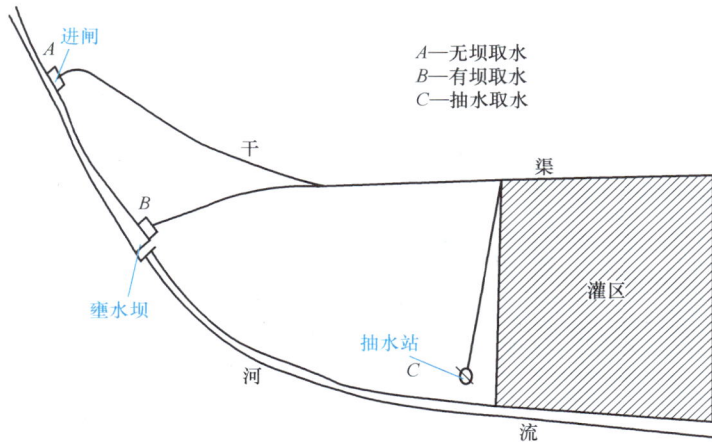

图 8-4　灌溉取水方式

2. 输水建筑物

输水建筑物是将灌溉水引入灌区或者将多余的水排出灌区的水利工程设施。输水建筑物由渠道以及渠系建筑物组成。常用的渠道断面如图 8-5 所示。

3. 渠系建筑物

渠系建筑物用于穿越河渠、洼谷和道路等障碍物，如渡槽、涵洞、隧洞和水闸等。

（1）渡槽实际上就是一种过水桥梁，如图 8-6 所示，用来输送渠道水流跨越河渠、溪谷、洼地或道路等，常用砌石、混凝土或钢筋混凝土建造。

（2）水闸是一种低水头水工建筑物，如图 8-7 所示，既可用来挡水，又可用来泄水，并可通过闸门控制泄水流量和调节水位。

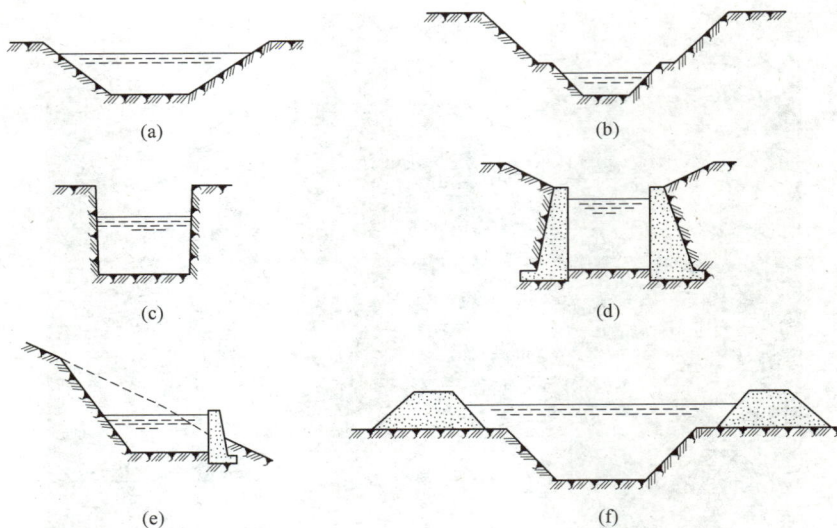

图 8-5　常用的渠道断面

（a）梯形断面；（b）复式断面；（c）矩形断面；（d）挡土墙矩形断面；
（e）盘山断面；（f）半挖半填断面

图 8-6　渡槽

图 8-7　水闸

8.2.2　防洪工程

防洪工程是指为控制、防御洪水以减免洪灾损失而修建的工程。主要有挡水结构工程、河道整治工程、分洪工程和蓄洪工程等。按功能和兴建目的分为：挡、泄和蓄。

1. 挡

主要是运用工程措施"挡"住洪水对保护对象的侵袭。如用河堤、湖堤防御河、湖的洪水泛滥，用围堤保护低洼地区不受洪水侵袭等。具有挡水功能的防洪工程是最古老和最常用的措施。根据挡水方向的不同，挡水结构可以分为大坝和防洪堤两类。

（1）大坝

大坝是水库枢纽工程中的主体建筑。大坝按筑坝材料可分为土石坝、混凝土坝和橡胶坝等，而按结构特点又可分为重力坝、拱坝和支墩坝等。以下重点介绍重力坝、拱坝和土石坝。

① 重力坝：重力坝主要依靠坝体自重来抵抗水压力及其他外荷载，维持自身的稳定。

146

重力坝的断面基本呈三角形，筑坝材料为混凝土或浆砌石。目前世界上最高的混凝土重力坝是瑞士的大迪克桑斯坝，坝高 285m。我国著名的三峡大坝也是混凝土重力坝，坝高 185m。

重力坝常修筑在岩石地基上，相对安全可靠，耐久性好，抵抗渗漏、洪水漫溢等自然灾害能力强；设计、施工技术较为简单，易于进行机械化施工。其主要缺点是体积大、材料强度不能充分发挥、对稳定控制要求高等，如图 8-8 所示。

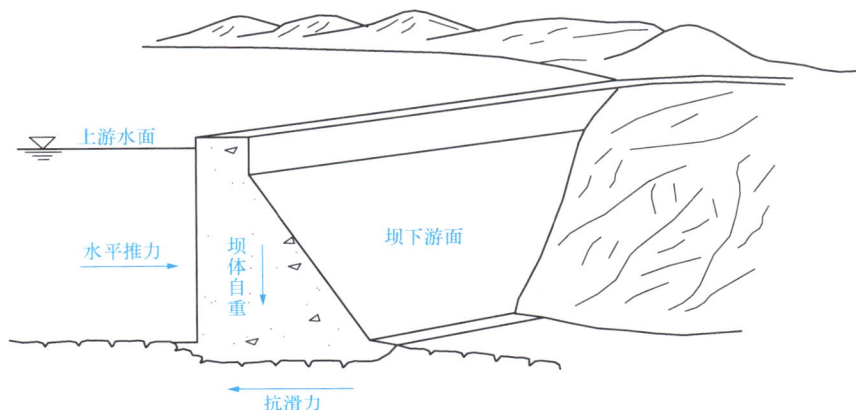

图 8-8　重力坝

② 拱坝：拱坝在平面上呈凸向上游的拱形，一般利用两端拱座的反力以及拱坝自重来维持坝体稳定。拱坝的两端支承于两岸的山体上。拱坝按筑坝材料可分为混凝土拱坝和浆砌石拱坝。

拱坝比重力坝更能充分利用坝体的强度，其体积比重力坝小，其超载能力比其他坝型高。主要缺点是对坝址河谷形状及地基要求较高，如图 8-9 所示。

图 8-9　拱坝

③土石坝：土石坝是利用当地土料、石料或土石混合料堆筑而成的坝型。土石坝的优点是筑坝材料就地取材；节省材料；对坝基要求较低；抗震性能好。缺点是需另行修建泄

水建筑物，抵御超标准洪水能力差。土石坝一般由坝身、防渗设施、排水设施和护坡等部分组成。

根据土料在坝体内的分布情况和防渗体位置不同，碾压式土石坝可分为均质坝、土质防渗体分区坝，以及非土质材料防渗体坝三种类型。均质坝坝体由一种透水性较弱的土料填筑而成，如图8-10（a）所示。一般适用于中小型坝，如我国松涛水库均质坝，坝高78.7m。土质防渗体分区坝由相对不透水或弱透水土料构成坝的防渗体，而以透水性较强的土石料组成坝壳或下游支撑体，如图8-10（b）～（g）所示。该类坝型适用于大中小型各类工程，如我国石头河水库黏土心墙坝，坝高105m。非土质材料防渗体坝以混凝土、沥青混凝土或土工膜作防渗体，坝的其余部分则用土石料进行填筑。如图8-10（h）～（j）所示。如湖北省水布垭钢筋混凝土面板堆石坝，坝高233m。

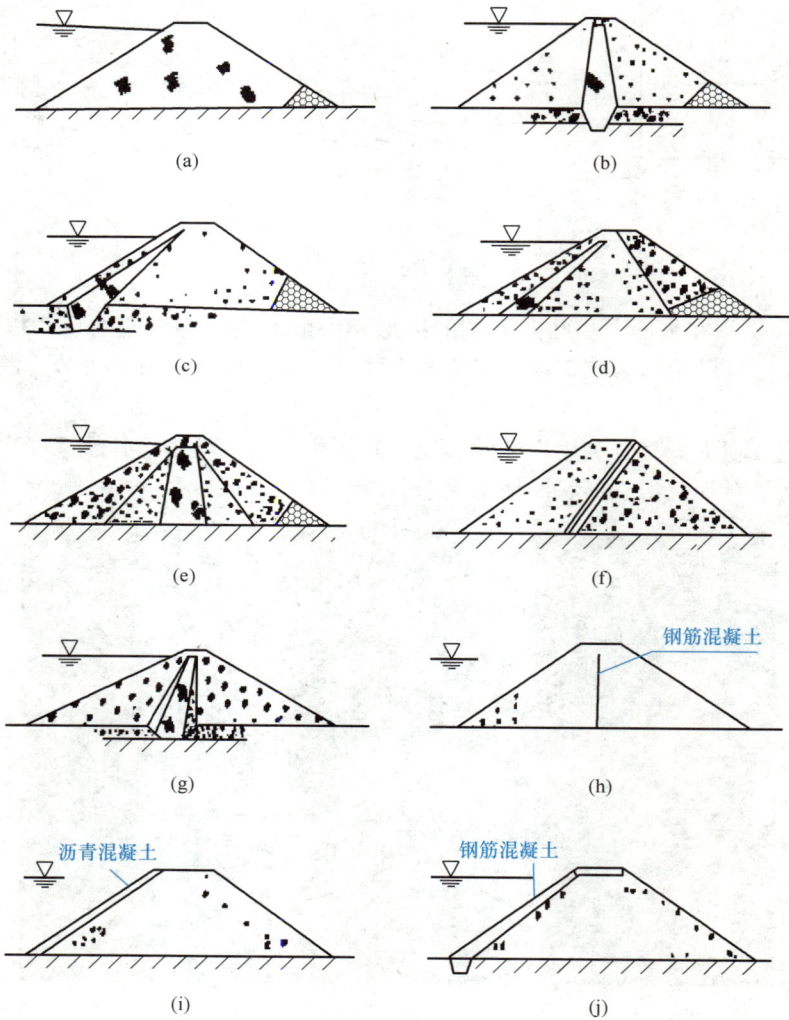

图8-10　碾压式土石坝类型

（a）均质坝；（b）黏土心墙坝；（c）黏土斜墙坝；（d）多种土质坝（1）；（e）多种土质坝（2）；（f）土石混合坝；
（g）黏土斜心墙土石混合坝；（h）沥青混凝土心墙坝；（i）沥青混凝土斜墙坝；（j）钢筋混凝土面板堆石坝

（2）防洪堤

防洪堤是指沿河、渠、湖、海岸、行洪区、分洪区和围垦区边缘修筑的挡水建筑物。常见形式有土堤、石堤、土石混合堤、混凝土防洪墙及较先进的橡胶坝等，如图 8-11 所示。

图 8-11　防洪堤

2. 泄

主要作用是提高泄洪能力。常用的措施有修筑河堤、整治河道等，是平原地区河道广泛采用的措施。

3. 蓄

主要作用是拦蓄调节洪水、削减洪峰和减轻下游防洪负担，如水库、分洪区（含改造利用湖、洼、淀等）工程等。水库是用坝、堤、水闸、堰等工程，于山谷、河道或低洼地区形成的人工水域。水库的作用有防洪、水力发电、灌溉、航运、城镇供水、养殖、旅游和改善环境等，还能蓄水调节径流，利用水资源，发挥综合效益，成为近代河流开发中普遍采取的措施。同时要防止水库的淤积、渗漏、塌岸、浸没、水质变化和对当地气候的影响，如图 8-12 所示。

33. 拓展阅读

图 8-12　水库

8.2.3 水利发电工程

我国是世界上水资源最丰富的国家之一。《2024年中国水资源公报》显示，2024年全国平均年降水量为717.7mm，比多年平均值高12.7%。全国水资源总量为31123.0亿 m^3，其中，地表水资源量为29895.6亿 m^3，地下水资源量为8679.2亿 m^3，地下水与地表水资源不重复量为1227.6亿 m^3。我国水资源多在西南，但我国煤炭储藏量主要在华北，煤炭和水资源分布很不均匀，但从能源角度来讲，两者可相互补充。根据集中落差的方式不同，可将水电站分为堤坝式水电站和引水式水电站、抽水蓄能水电站。

1. 堤坝式水电站

在河床上游修建拦河坝，将水积蓄起来，抬高上游水位，形成发电水头的电站称为堤坝式水电站。又分为河床式水电站（图8-13）和坝后式水电站（图8-14）。

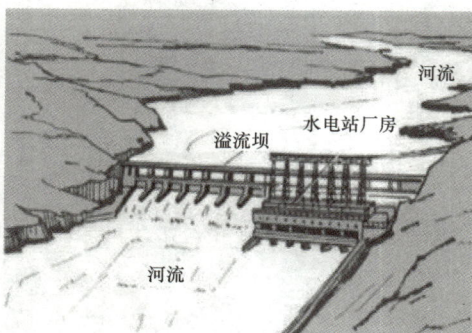

图8-13　河床式水电站

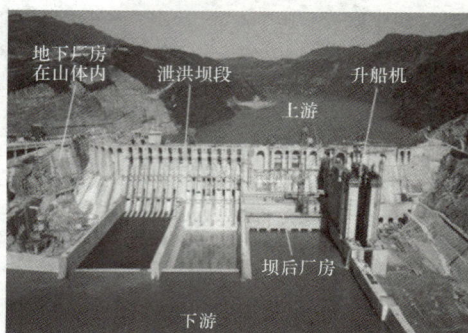

图8-14　坝后式水电站

2. 引水式水电站

引水式开发主要或全部用引水道来集中水头。引水式水电站的流量较小但是水头很高。引水式水电站可分为无压引水式水电站和有压引水式水电站，如图8-15所示。无压引水式水电站的引水道为明渠、无压隧洞、渡槽等。有压引水式水电站的引水道，一般多为压力隧洞、压力管道等。

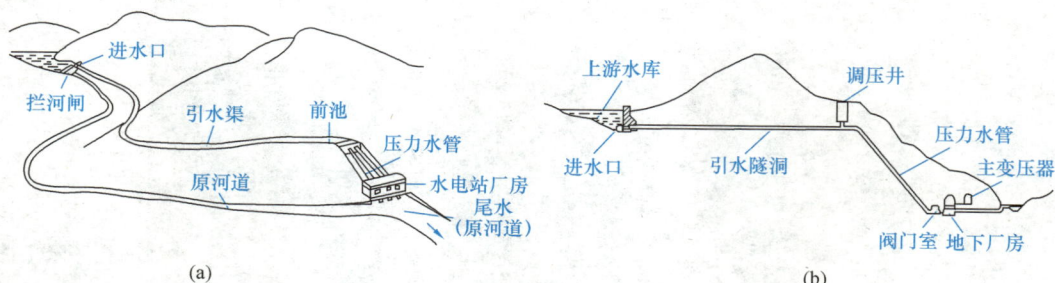

(a)　　　　　　　　　　　　　　　　(b)

图8-15　引水式水电站
（a）无压引水式水电站；（b）有压引水式水电站

3. 抽水蓄能水电站

抽水蓄能水电站是一种特殊的水电站，利用电力负荷低谷时的电能抽水至上水库，在电力负荷高峰期再放水至下水库发电，又称蓄能式水电站，如图8-16所示。

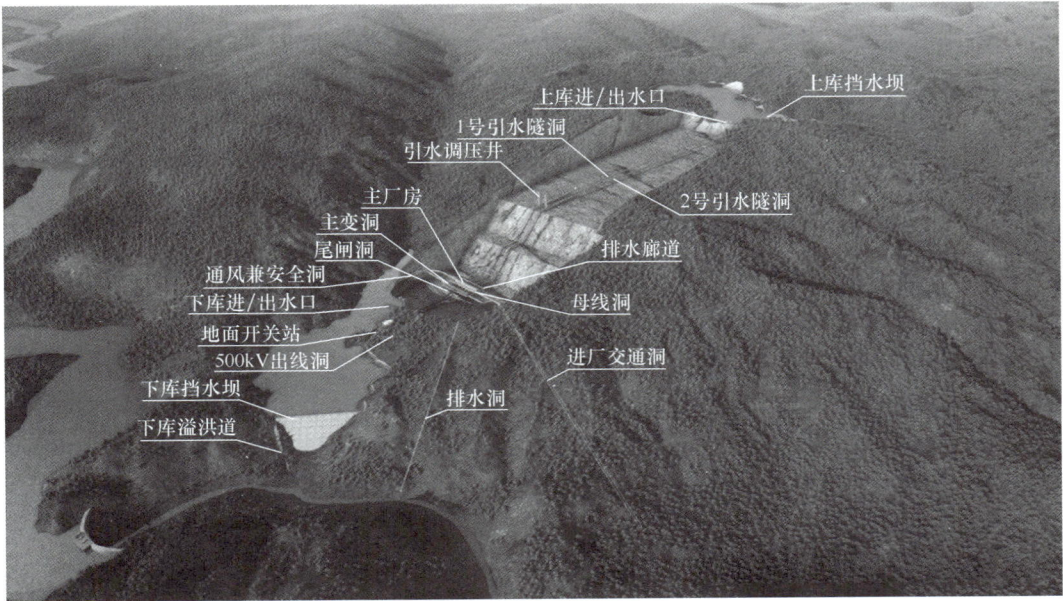

图 8-16 抽水蓄能水电站

8.3 水利工程的施工方法

8.3.1 施工水流控制

水利水电工程整个施工过程中的水流控制简称为施工水流控制，又称施工导流。可以概括为：采取"导、截、拦、蓄、泄"等工程措施，来解决施工和水流蓄泄之间的矛盾，避免水流对水工建筑物施工的不利影响，把水流全部或部分导向下游或拦蓄起来，以保证水工建筑物的干地施工和在施工期内不影响或尽可能少影响水资源的综合利用。

1. 导流与围堰

导流一般需要修筑围堰，围堰在导流中具有围护基坑和把水流导向预定的泄水通道的重要作用，导流和围堰往往是分不开的，可以根据围堰的修筑和使用方式对导流进行分类。一般情况下分为三类：分段围堰法导流、全段围堰法导流、淹没基坑法导流。

（1）分段围堰法导流是指用围堰把水工建筑物分段，分期围护起来进行施工的方法，也称分期围堰法。一般适用于河床宽、流量大、工期长、有通航需要、冰凌严重的河流工程，如混凝土重力坝工程。分段围堰法后期泄水通道主要有导流底孔、坝体导流缺口和导流明渠。

（2）全段围堰法导流是用围堰一次拦断河床，把河床部位全部围护起来同时施工，水流经河床以外的泄水建筑物下泄的方法。其导流泄水建筑物类型有导流隧洞、导流明渠、导流涵管等。全段围堰法的适用条件为狭谷地形，河道狭窄，两岸山体陡峻，山体厚实，具备成洞条件，且土石坝、拱坝应用较多。其特点是造价昂贵，泄水能力有限，汛期洪水淹没基坑或与其他导流建筑物联合泄流，尽量与泄洪洞、引水洞、尾水洞、放空洞等永久隧洞相结合。

（3）淹没基坑法导流采用过水围堰、允许基坑淹没的导流方法。洪水来临，围堰过水，基坑被淹没，河床部分停工；洪水退落，围堰挡水时再继续施工。其适用条件为山区河流，洪水期流量大、历时短，枯水期流量则很小，水位暴涨暴落、变幅很大。坝身允许过水、混凝土坝或经过防护处理的堆石坝宜采用过水围堰，围堰可以反复过水而不被冲毁，水退后可正常挡水。淹没基坑法是一种辅助导流方法，在全段围堰法和分段围堰法中均可使用。

2. 围堰工程

在水电工程中，除了开挖形成的基坑外，把围堰围护范围内的施工工作空间也称作基坑；而围堰就是围护基坑的临时构筑物。围堰按筑堰材料可分土石围堰、混凝土围堰、草土围堰和钢板桩格形围堰等；而按与水流方向的相对位置分为纵向围堰和横向围堰。在工程实际中，修筑围堰的基本要求除满足挡水防渗的基本功能外，要求具有一定的强度、稳定性，抗冲刷，连接处防集中渗漏，价格便宜、就地取材，构造简单，修建和拆除容易。

3. 导流方案设计

导流方案是指在整个施工过程中，各个导流时段所采取的导流方式。一般按照导流时段划分的顺序进行描述，划分为哪几个导流时段，每个导流时段处于什么时间，每个导流时段的流量标准和设计流量，每个导流时段的工作内容，运用哪些导流建筑物控制水流。

施工导流设计的主要任务是编制导流方案，由设计院制定。导流方案的选择是一个复杂、循环往复的设计论证过程，与枢纽设计密切相关。工程实际中编制导流方案应考虑的主要因素有水文条件、地形条件、地质及水文地质条件、水工建筑物的形式及其布置、施工期间河流的综合利用、施工进度、施工方法及施工场地布置等，需要有工程经验的工程师认真研究规范要求，完全依据本工程实际情况，借鉴其他工程的经验，拟定几个可能的方案进行技术经济比较，进行合理的风险分析。

4. 截流工程

截流工程是指截断原河床水流，把河水引向导流建筑物下泄的工程。截流是大型水电工程建设中的关键环节，截流在施工导流中占据重要地位，截流日期是施工总进度的重要里程碑。截流包括进占、合龙、闭气三个过程。进占是指从河床一侧或两侧向河床中填筑截流戗堤；封堵龙口的工作叫合龙；在戗堤全线设置防渗体的工作叫闭气。截流有立堵法和平堵法两种基本方法。

5. 拦洪渡汛

拦洪渡汛主要用于中后期导流，这时坝体已经超出围堰，汛期需要坝体拦蓄洪水渡汛，坝体并不是在施工完毕才挡水，施工过程中就需要参与防汛挡水。坝体拦洪标准分为两大类：泄水建筑物封堵前的标准和泄水建筑物封堵后的标准。混凝土坝的渡汛措施一般采用预留缺口渡汛（缺口导流）和临时断面挡水。土坝、堆石坝的渡汛措施有降低溢洪道高程、设置临时溢洪道、临时断面挡水、临时坝面保护措施过水等。

6. 封堵蓄水

封堵蓄水指的是封堵临时泄水建筑物，一般称为"下闸蓄水"。应具备的条件有：坝体达到预定高程，帷幕灌浆、纵缝灌浆到达预定高程，完成库区清理和库岸处理，将永久底孔、中孔、隧洞的闸门安好。蓄水计划主要是确定下闸封堵日期，确定水库达到最低发电水位的日期（发电日期），实际应为"工程具备正式发挥效益条件"的日期。下闸封堵包括下闸断流和封堵堵头混凝土浇筑两个过程。导流底孔堵头为坝体混凝土一部分，必须全部封堵；而导流隧洞堵头只需封堵一定长度，不必全部封堵。

7. 基坑排水

基坑排水分为初期排水（截流后基坑开挖前的首次排水）和经常性排水（开挖、浇筑过程中）。关于初期排水时间，大型基坑一般为5～7d，中型基坑不超过3～5d。排水方法有大型水泵和管道虹吸。经常性排水一般采用集水井、排水沟和水泵构成排水系统。

8.3.2 爆破工程

34. 拓展阅读

1. 爆破器材

爆破器材有炸药和起爆器材。常用的炸药有 TNT（三硝基甲苯）、胶质炸药（硝化甘油炸药）、铵梯炸药、铵油炸药、浆状炸药和乳化炸药等，我国水电工程最常用的炸药为2号岩石铵梯炸药。常用的起爆器材有火雷管、导火索、电雷管、导爆索、导爆管和导爆雷管等。起爆器材的作用是引爆炸药、引爆器材间互相引爆和传递爆轰波。

2. 起爆方法和起爆网路

起爆方法有电力起爆（电雷管→炸药）、火花起爆（导火索→火雷管→炸药）、导爆管起爆（导爆管→导爆雷管→炸药）、导爆索起爆（各种雷管→导爆索→炸药）、齐发起爆。

起爆网路是指爆破时把起爆器材联结在一起形成的网路。起爆网路具有一次点火起爆所有药包、控制药包的起爆顺序和间隔时间、达到预定的爆破效果和控制爆破震动的作用。

35. 知识链接

3. 爆破的基本方法

（1）钻孔爆破：钻孔爆破法指通过钻孔、装药和爆破开挖岩石的方法，简称钻爆法。根据其孔径和孔深分为两种：浅孔爆破，孔径小于75mm，孔深小于5m，用于中小型规模的开挖；深孔爆破，孔径大于75mm，孔深超过5m，适用于大规模、高强度开挖。

（2）洞室爆破：洞室爆破是将炸药集中装填于爆破区内预先挖掘的洞室中进行爆破的方法。洞室爆破常用于开挖、采石和进行定向爆破、扬弃爆破、松动爆破以及水下岩塞爆破等。

（3）预裂爆破和光面爆破：预裂爆破指的是轮廓孔先爆，形成预裂面，再爆主炮孔。而光面爆破指的是先爆主炮孔，后爆轮廓孔，形成光爆面。在工程实际中，预裂爆破和光面爆破齐爆性要求高，所有预裂孔或光爆孔同一瞬时起爆，一般采用导爆索网路起爆。

4. 水利水电工程中的岩石开挖爆破技术

（1）水工建筑物岩石基础的开挖：遵循自上而下分层开挖的原则，广泛运用深孔台阶爆破方法，设计边坡轮廓面采用预裂爆破或光面爆破，在建基面以上一定范围预留保护层。

（2）岩石高边坡爆破开挖：注意控制钻孔爆破对边坡岩体的影响，确保边坡在施工期和运行期的稳定性。常采用的措施有：预裂爆破、光面爆破、缓冲爆破和深孔梯段微差爆破。

（3）面板堆石坝填筑石料的开采：为了达到要求的压实效果，在开采爆破过程中对开挖石料有一定的颗粒级配要求，主要采用深孔台阶爆破、微差挤压爆破、小抵抗线宽孔距爆破和现场爆破试验确定最优参数等方法。

（4）围堰和岩坎的拆除爆破：防止爆破破坏临近的永久建筑物，特别对于水下爆破，要保证水下爆破的准爆率，一般采用塑料导爆管双复式交叉接力起爆网路和电力起爆。

8.3.3 基础处理工程

水工建筑物的基础，按照地层的性质可以分为两类：岩基和软基（土基和砂砾石地基）。常用的基础处理方法：①基础开挖；②非开挖方法，包括岩石基础灌浆、砂砾石层灌浆、高压喷射灌浆、混凝土防渗墙施工、桩基和锚固等方法。

1. 岩石基础灌浆

灌浆处理——将某种具有流动性、胶凝性的浆液，按一定的配比，通过钻孔压入岩石孔隙，经过胶结、硬化后形成结石，以提高基岩的强度，改善基岩整体性和抗渗性。可分为帷幕灌浆、固结灌浆、接触灌浆和其他灌浆（包括水工隧洞的回填灌浆、混凝土坝体接缝灌浆等）。

常用的灌浆材料有水泥、水泥黏土和化学灌浆材料等。灌浆工序为：布孔、钻孔、清孔→压水试验→灌浆→灌浆结束→封孔→质量检查。钻孔灌浆次序遵循先稀后密、分序加密的原则。不同种类的孔遵循先固结后帷幕的原则。灌浆方式按灌浆时浆液灌注和流动特点，分为纯压式和循环式，如图 8-17 所示。

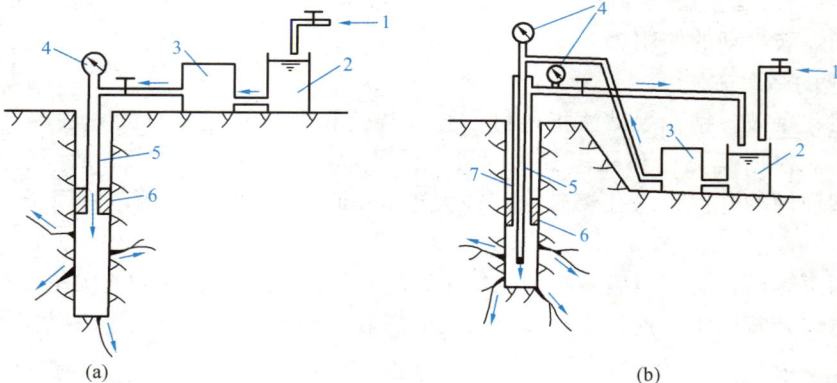

图 8-17　灌浆方式

（a）纯压式；（b）循环式

1—水；2—拌浆筒；3—灌浆泵；4—压力表；5—灌浆管；6—灌浆塞；7—回浆管

2. 砂砾石层灌浆

与基岩灌浆相比，砂砾石地基为松散地层，具有结构松散、孔隙率大和渗透性强的特点。灌浆材料主要为水泥黏土浆。黏土遇水后迅速崩解分散，吸水膨胀，具有稳定性和粘结力。浆液的配比一般通过室内外的试验来确定。其优点是稳定性及可灌性指标优于纯水泥浆，费用低廉；而缺点为析水率低，排水固结时间长，结石强度低，抗渗性及抗冲性较差。钻灌方法有打管灌浆、套管灌浆、循环灌浆和预埋花管灌浆四种。

3. 高压喷射灌浆

利用钻机造孔，然后将带有特制合金喷嘴的灌浆管下至地层预定位置，以高压把浆液或水、气高速喷射到周围地层，对地层介质产生冲切、搅拌和挤压等作用，地层介质被浆液置换、充填和混合，待浆液凝固后，在地层中形成一定形状的力学性能得到改善和提高的凝结体。施工方法有单管法、双管法、三管法、多管法。施工程序为：造孔→下喷射管→喷射提升（旋转、摆动）→成桩或成墙。

4. 混凝土防渗墙

混凝土防渗墙是指修于松散透水地层或土石坝、堤、围堰中起防渗作用的地下连续墙。防渗墙作用已远超出"防渗"范围，可用来解决水工建筑物从基础到建筑物本身的防渗、防冲、加固承重等多方面的工程问题。

8.3.4　土石坝工程

土石坝按施工方法可分为：干填碾压、水中填土、水力冲填（包括水坠坝）、定向爆破筑坝等。碾压式土石坝按坝身内和防渗体所用材料可分为：均质坝、土质心墙坝、土质斜墙坝、多种土质坝、人工材料心墙坝、人工材料面板坝。碾压式土石坝的施工作业包括：①准备作业，"四通一平"，生产、生活、行政办公用房，排水清基等；②基本作业，料场土石料开采，挖、装、运、卸以及坝面铺平、压实、质检等；③辅助作业，覆盖层清除，剔除超径石块、杂物，坝面排水、层间刨毛和加水等；④附加作业，坝坡修整，铺砌护面块石及铺植草皮等。

1. 土石料的开挖与运输

土料的开采包括立采和平采。立采适用于土层较厚，层次较多，各层土质差异较大，天然含水量接近填筑含水量的场景。平采适用于土层较薄、土料层次、相对均匀、天然含水量偏高需翻晒减水的场景。主要任务是划分开采分区，进行流水作业。土料的加工有调整土料含水量、材料掺混、小区料加工三个方面。常用的挖运机械有单斗式挖掘机、多斗式挖掘机、推土机、自卸汽车、装载机等。土石料开挖运输方案一般为正向铲开挖、自卸汽车运输上坝，在高土石坝施工中得到广泛应用。

2. 坝体的填筑和压实

（1）土石坝坝面作业施工工序为：卸料、铺料→洒水、压实→质量检查→刨毛、坝面清理、接缝处理。土石坝坝面作业宜采用分段流水作业施工。卸料和铺料主要的方法有进占法、后退法、混合法，如图 8-18 所示。

（2）压实机械及压实方法。对于黏性土料，压实外力克服粘结力；对于砂性土料、石渣、砾石料，压实外力克服内摩擦力。压实外力分类：碾压、夯击、振动，压实目的是提高抗压强度和防渗性能。羊脚碾适于黏性土料的压实，振动碾主要用于压实非黏性土料的压实，气胎碾对于黏性土料、非黏性土料均适宜，一机多用，防渗土料与坝壳平起上升。

（3）压实参数一般选用干密度，通过控制铺土厚度、碾压遍数、最优含水量来达到设计干密度。不同土料有不同的压实参数，对一定体积的土体，施工加一定的压实功，达到设计干密度。

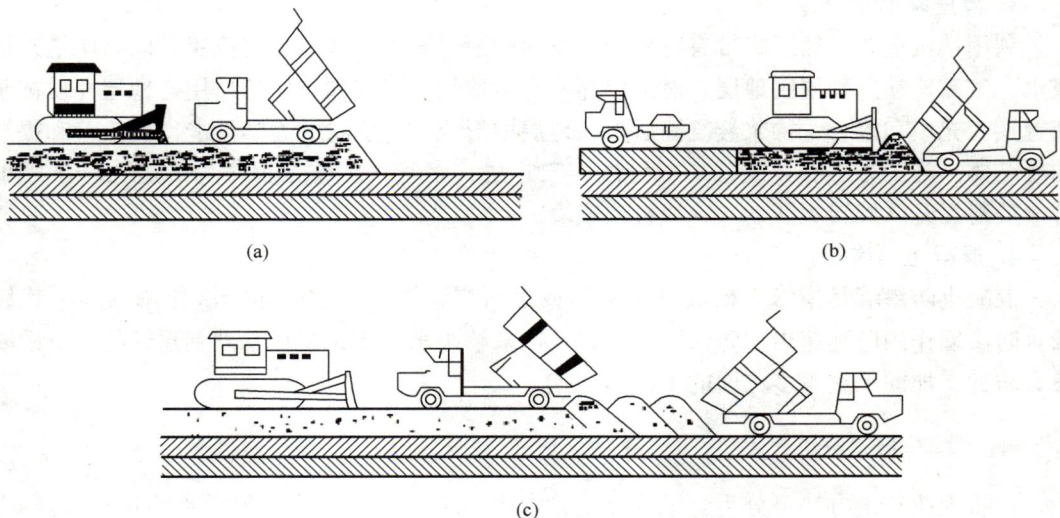

图 8-18　卸料和铺料主要的方法
（a）进占法；（b）后退法；（c）混合法

3. 面板堆石坝施工

面板堆石坝是土石坝中最活跃的新坝型。混凝土面板坝由堆石体和防渗系统组成，混凝土面板坝防渗系统由基础防渗工程、趾板和面板组成。其特点是堆石坝体能直接挡水或过水，简化了施工导流与度汛；坝坡陡，断面小，枢纽布置紧凑，充分利用当地材料；面板坝可以分期施工，施工受气候条件的影响较小；透水性好，抗震性能强。

堆石坝填筑的施工设备、工艺和压实参数的确定，和常规土石坝非黏性土料施工没有本质区别。面板坝的施工工序为：岸坡坝基开挖清理→趾板基础和坝基开挖→趾板混凝土浇筑→基础灌浆→填筑主堆石料、垫层料→浇筑面板→填筑下期坝体。垫层施工填筑时向外超填 15～30cm，斜坡长度 10～15m 时修整、压实一次。修整后进行斜面碾压。垫层料必须与部分主堆石料平齐上升。趾板的施工步骤为：清理工作面→测量放线→锚杆施工→立模安装止水片→架设钢筋→预埋件埋设→冲洗仓面→开仓检查→浇筑混凝土→养护。

钢筋混凝土面板一般采用滑模法施工，滑模分有轨滑模和无轨滑模两种。混凝土场外运输主要采用混凝土搅拌运输车、自卸车等。坝面输送主要采用溜槽和混凝土泵。钢筋的架设一般采用现场绑扎、焊接或预制钢筋网片和现场拼接的方法。金属止水片的成型主要有冷挤压成型、热加工成型或手工成型，且一般成型后应进行退火处理。

8.3.5　混凝土坝工程

混凝土坝在高坝中所占的比重较大，特别是重力坝、拱坝应用得最普遍。混凝土坝安全、稳定，设计已经趋于成熟。但北方冬季混凝土施工困难。

1. 骨料料场规划和生产加工

骨料料场规划是骨料生产系统的基础。与土石坝料场规划类似，存在着时间、空间、质与量的规划。砂石骨料的质量是料场选择的首要前提，质量要求有强度、抗冻、化学成分、颗粒形状、级配和杂质含量等。在实际工程中，天然骨料与人工骨料搭配使用。天然的骨料需要通过筛分分级；天然骨料开采，在河滩用索铲和反铲，在水中用链斗采砂船或铲扬式单斗挖泥船机械。人工骨料需要通过破碎、筛分，采用深孔微差挤压爆破将采集到的毛料加工，一般需要通过破碎、筛选和冲洗，制成符合级配、除去杂质的碎石和人工砂。根据骨料加工工艺流程，组成骨料加工厂。

2. 模板和钢筋作业

模板和钢筋作业是钢筋混凝土工程中的重要辅助作业。根据制作材料，模板可分为木模板、钢模板、混凝土和钢筋混凝土预制模板；根据架立和工作特征，模板可分为固定式、拆移式和滑动式。就方便施工、节约投资而言，模板应结构简单，制作、安装和拆除方便，尽量标准化、系列化，提高周转率，消耗工料少，成本低；就保护作用而言，模板应有利于混凝土凝固，寒冷地区应有利于保温，高速水流作用部位应有利于抗冲、耐磨、防止气蚀破坏；使用得最多的是拆除式模板。

钢筋和混凝土一起组成钢筋混凝土结构，水利水电工程中钢筋的用量是巨大的，钢筋的加工和安装是混凝土施工中的一项重要内容。大中型钢筋混凝土工程通常要设立专门的钢筋加工场来储存和加工钢筋。钢筋的加工主要是根据图纸对钢筋进行调直、切断和弯曲。钢筋的安装是按设计图纸将加工成型的钢筋绑扎或焊接起来。钢筋的安装有整装和散装两种方式。钢筋安装的位置、间距、保护层及型号规格应符合设计要求，偏差不超过规范的规定，同时还应错开接头。

3. 混凝土的制备

混凝土坝往往方量巨大，需要设置专门的混凝土拌合系统进行混凝土的制备。拌合机是制备混凝土的主要设备，拌合机拌制混凝土有两种方式：一种是利用可旋转的拌合筒上的固定叶片；另一种是装料鼓筒不旋转，固定在轴上的叶片带动混凝土进行强制拌合。混凝土生产系统应根据浇筑强度确定生产规模，按用料分散或集中情况设拌合站和拌合楼，如图 8-19 所示。

图 8-19　拌合楼

4. 混凝土的施工方案

混凝土运输是连接拌合与浇筑的中间环节，运输过程包括水平和垂直运输。在运输过程中需保证混凝土不初凝、不分离、不漏浆、无严重泌水和无过大的温度变化。从混凝土出机到浇筑仓前，主要应完成水平运输，从浇筑仓前至仓里主要完成垂直运输。混凝土的水平运输有有轨运输和无轨运输两种。有轨运输采用有轨机车拖运平台车完成，而无轨运输主要用自卸车直接装运混凝土。混凝土垂直运输设备主要采用各类起重机，例如门式起重机、塔式起重机、塔带机、缆式起重机、履带式起重机和混凝土泵等。

坝体混凝土浇筑施工时，为了避免不均匀沉降引起坝体开裂，常采用结构缝将坝体分段；为了控制温度裂缝和施工方便，用纵缝将坝段分成若干柱状块，在浇筑时又用临时的施工缝将柱状块分层，形成若干浇筑仓，又称浇筑块。控制每个仓的浇筑质量，以保证坝体质量。混凝土坝不可能一次浇筑完毕，需要将坝体分成许多浇筑块来浇筑，这就是混凝土的分缝分块。混凝土坝的缝有横缝、纵缝和水平缝。非结构横缝、纵缝和水平缝都是临时的，又称为施工缝。

混凝土浇筑工艺流程为：浇筑前的准备作业→入仓铺料→平仓与振捣。养护是保证混凝土强度增长、不发生开裂的必要措施。养护措施通常有洒水养护、喷雾养护、覆盖养护或养护剂养护。养护时间一般为 2～3 周。拆模时间应考虑养护要求。冬夏季节还应制定专门的养护措施。

5. 特殊季节的混凝土施工

混凝土冬期作业的措施有：施工组织上的合理安排，创造混凝土强度快速增长的条件，延长混凝土的拌合时间，减少拌合、运输、浇筑中的热量损失，预热拌合材料，增加保温、蓄热和加热养护措施。混凝土冬期养护方法有蓄热法、暖棚法、电热法和蒸汽法。

夏季气温过高不采取冷却降温措施，容易使混凝土发生假凝，工作强度降低，初凝过快，混凝土内部水化热温升过高，易产生各种裂缝。当气温超过 30℃ 时，混凝土生产、运输、浇筑等各个环节应按夏季作业施工。混凝土夏季施工是通过采取预冷降温、加速散热以及充分利用低温时刻浇筑等措施来实现的。

6. 混凝土的温度控制

大坝混凝土温度控制的主要目的是防止大坝出现温度裂缝。温度控制的具体措施常从混凝土的减热和散热两方面来着手，所谓减热就是减少混凝土内部的发热量，所谓散热就是采取各种散热措施。①减少混凝土的发热量：根据应力进行分区，采用不同强度等级的混凝土，采用干硬性贫混凝土改善级配，增大骨料粒径，大量掺粉煤灰、减水剂及高效外加剂，采用低发热量的水泥。②降低混凝土的入仓温度：合理安排浇筑时间，采用加冰或加冰水拌合对骨料预冷；③加速混凝土散热：采用自然散热冷却降温、在混凝土内预埋水管通水冷却。

7. 混凝土的施工质量控制

为了获得符合设计要求的混凝土，必须对从原料开始，直至混凝土的拌合、运输、入仓振捣和养护等各个环节进行全过程的质量检测和控制。主要方式是取样，通过测试质量指标，然后与质量标准对照。混凝土质量的检测与控制包括原材料、拌合混凝土、浇筑过程中混凝土、硬化混凝土的质量检测与控制。检查中不合格的材料、新拌混凝土不得使用，对存在的问题及时查明原因进行整改，并加大检查力度。混凝土浇筑结束后，若检查不符合要求，应及时采取补救措施。具体方法有灌浆、抹面、挖掉并重新浇筑混凝土。混凝土的施工质量评定统一以抗压强度作为主要指标，其评定主要标准有两个：强度保证率和强度均匀性。

8.3.6 地下建筑工程

地下建筑物施工特点为：施工组织比较复杂，场地受到限制，干扰大；围岩安全稳定性问题突出，地质和水文地质条件复杂多变；施工条件较差，劳动强度大，地下通风、采光和除尘不易解决；规模及难度不断增大，施工要求越来越高。地下建筑物施工的主要内容有测量放线、开挖出渣、衬砌（支护）和辅助作业（通风、散烟、除尘、排水、照明、风水电供应等）。水电站地下厂房洞室群布置示意图如图 8-20 所示。

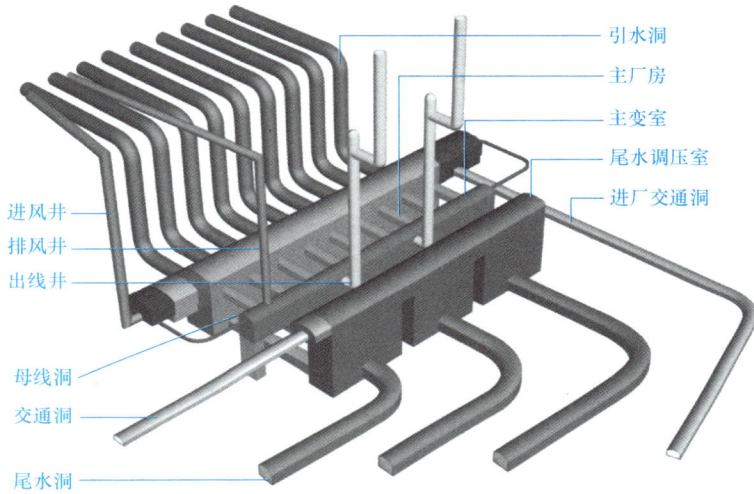

图 8-20 水电站地下厂房洞室群布置示意图

1. 地下建筑工程的施工工序

（1）平洞

平洞一般是指坡度平缓的有压或无压引水隧洞、导流洞和交通洞等。平洞施工工作面不仅影响到施工进度的安排，而且与施工布置也有密切关系。平洞开挖一般至少有进出口两个工作面，洞线较长，常开挖施工支洞或竖井以增加工作面。平洞的施工过程分为开挖和支护，在同一横断面上先开挖后支护。其开挖方法有全断面开挖和（断面）分部开挖，前者指的是按整个开挖断面向前开挖，后者是将整个断面分成若干层（多为两层或三层，层数太多出渣运输不方便），分层向前推进。

平洞的衬砌或支护施工一般要求为：除非地质条件特别好，否则均要进行衬砌或支护。衬砌原则：断面衬砌或支护，原则上待平洞贯通后再进行。分缝分块原则为：若地质和设备条件允许，应尽量减少分缝分块数目。断面衬砌顺序为：自下而上或自上而下，前者先衬砌底拱（底板），后衬砌边拱（边墙）、顶拱或边顶拱一次衬砌，多用于地质条件较好的场合；后者先衬砌顶拱，在顶拱保护下衬砌边拱（边墙）、底拱（底板），适用于围岩自承能力较差的情况。

（2）地下厂房

大断面洞室的施工，一般遵循"变高洞为低洞、变大跨度为小跨度"的原则，采取先拱部后底部，先外缘后核心，自上而下分部开挖与衬砌支护的施工方法，以保证施工过程中围岩的稳定。20世纪70年代前，大断面地下厂房开挖多采取多导洞分层施工方法。主厂房开挖程序示意图如图8-21所示。

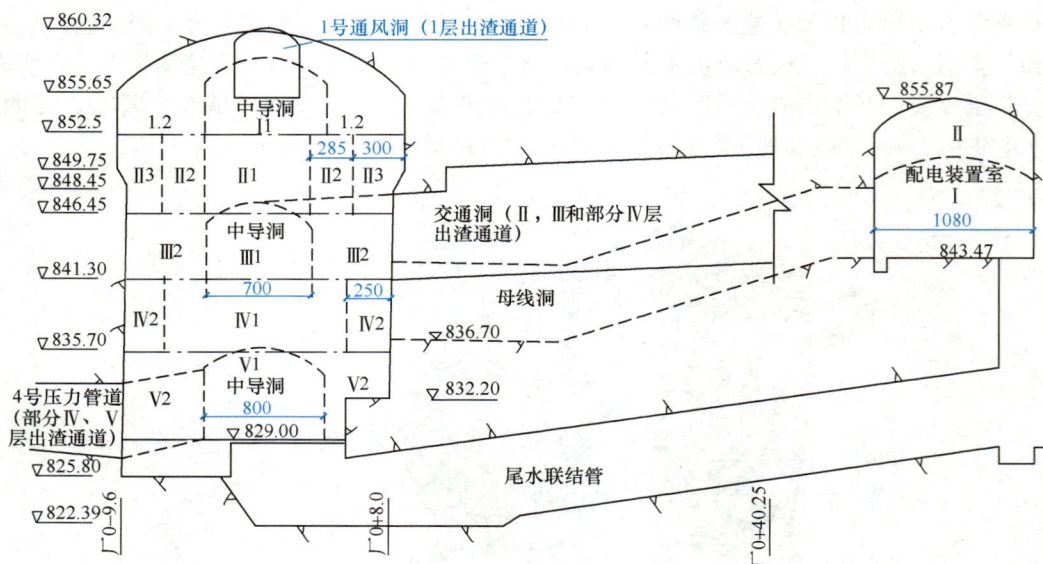

图 8-21　主厂房开挖程序示意图（说明：图中高程、桩号以 m 计，其余以 cm 计。）

（3）竖井和斜井

竖井主要有闸门井、高压管道井、通风井、进水口竖井以及施工竖井。小断面竖井开挖方法有自上而下钻爆法开挖和自下而上钻爆法开挖，前者适用于井深在 50m 以内或井下无通道的深井开挖；后者适用于井下部有通道的竖井，其施工方法又可分为深孔分段爆破法、吊罐钻爆法和爬罐钻爆法。大、中断面竖井开挖一般采用先导井后扩挖的施工方法。当地质条件好时，一般采用自下而上；地质条件较差时，一般采用自上而下分段爆破，利用导井溜渣至井底出渣，边开挖边衬砌。

小断面斜井一般采用自上而下分段钻爆全断面方法开挖。当坡度小于 25°时，可采用斗车出渣；当坡度大于 25°时，采用箕斗出渣。大、中断面斜井一般采用导井扩大法施工。

2. 钻孔爆破法开挖

钻孔爆破施工主要特点为：施工难度高，施工干扰大，施工场地受到限制，受照明、通风、噪声及渗水等影响，钻爆作业条件差；钻爆工作与支护、出渣等工序交叉进行；爆破难度大，自由面少，岩石的夹制作用大；破碎难度大，爆破的单位耗药量提高；爆破质量要求高，洞室断面的轮廓有严格的标准；需避免爆破损坏洞内有关设施及结构，控制爆破对围岩及支护结构影响，确保洞室围岩的安全稳定。钻孔爆破施工工序为：钻孔、装药、堵塞、起爆、通风散烟、安全检查与处理、初期支护、出渣等。上述构成一次作业循环，一个循环完成后，开始下一个循环，直至开挖完成。

3. 掘进机开挖

掘进机开挖工作循环为：机器用支撑板撑住，前后下支撑回缩，推进缸推压刀盘钻掘开始；掘进一个行程，钻掘终止；前后下支撑伸到洞底部，支撑板回缩；外机体前移，用后下支撑调整机器方位；支撑板撑住洞壁，前后下支撑回缩，为下一个工作循环做好准备，如图 8-22 所示。

掘进机的适用条件为平洞的全断面开挖、大型隧洞的先导洞开挖。其优点为掘进、出渣、衬砌支护等作业平行连续进行，工作条件优越，安全省工，高度机械化和自动化；掘进效率高，洞壁平整，断面均匀，超欠挖量少，围岩扰动少，对洞室稳定有利。

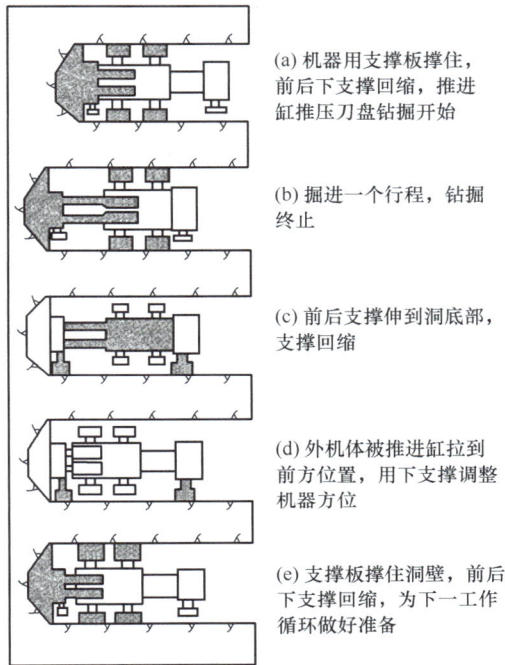

(a) 机器用支撑板撑住，前后下支撑回缩，推进缸推压刀盘钻掘开始

(b) 掘进一个行程，钻掘终止

(c) 前后支撑伸到洞底部，支撑回缩

(d) 外机体被推进缸拉到前方位置，用下支撑调整机器方位

(e) 支撑板撑住洞壁，前后下支撑回缩，为下一工作循环做好准备

36. 拓展阅读

图 8-22　掘进机的工作循环图

4. 锚喷支护

锚喷支护是地下工程施工中对围岩进行保护与加固的主要措施。锚喷支护的主要类型有：单一的喷混凝土或锚杆支护，喷混凝土、锚杆（索）、钢筋网和钢拱架等分别组合而成的多种联合支护。锚喷支护需要确定支护方案、支护结构、支护顺序、支护工艺、支护时机这五个方面。在充分考虑围岩自身承载能力的基础上，因地制宜搞好地下洞室的开挖与支护。强调运用控制爆破（光面爆破）、锚喷支护和施工过程中的围岩稳定状况监测，此亦称为新奥法的三大支柱。

锚喷支护的分期实施：初期支护是保证施工早期洞室安全稳定的关键，应于开挖后适时进行。通过量测手段，随时掌握围岩的变形与应力情况，喷薄层混凝土，建立起一个柔性的"外层支护"，必要时可采取加锚杆或钢筋网、钢拱架等措施。在初期支护和围岩变形达到基本稳定时，进行二期支护，包括复喷混凝土、锚杆加密、混凝土衬砌。

（1）锚杆支护及其施工工艺

锚固于围岩钻孔中的金属（钢）杆称为锚杆，其作用是加固围岩、承受荷载和阻止围岩变形。按锚固方式可分为集中锚固、全长锚固；按锚杆的作用、锚杆在洞室中的布置，可分为局部（随机）锚杆和系统锚杆。局部（随机）锚杆主要用来加固危岩、防止掉块；系统锚杆是将被结构面切割的岩块串联起来，保持和加强岩块的联锁、咬合和嵌固效应，一般按梅花形布置，连续锚固在洞壁内。水泥砂浆锚杆的施工方法有两种：先压注砂浆后安设锚杆或者先安设锚杆后压注砂浆。

（2）喷混凝土施工

喷混凝土是将水泥、砂、石和外加剂（速凝剂）等材料按一定配比拌合后，装入喷射机中用压缩空气将混合料压送到喷头处，与水混合后高速喷到作业面上，快速凝固在被支护的洞室壁面形成一种薄层支护结构。主要施工工艺有干喷法（喷嘴处加水）、湿喷法（在拌合机加水）和裹砂法（砂先加水）。

（3）衬砌施工

隧洞衬砌施工方法有现浇、预填骨料压浆和预制安装等。平洞衬砌的分缝分块、纵向分段浇筑的顺序为：跳仓浇筑、分段流水浇筑、分段留空当浇筑。横断面上的分块和浇筑一般分成底拱（底板）、边拱（边墙）和顶拱三部分。横断面上浇筑的顺序为：①先底拱（底板），后边拱（边墙）和顶拱；②先浇筑顶拱，再浇筑边拱（边墙）和底拱（底板）；③先浇好边拱（边墙）和顶拱，最后浇筑底拱（底板）。衬砌施工主要取决于施工设备、技术条件和断面大小。

（4）地下工程施工的辅助作业

辅助作业包括：通风、散烟、除尘、排水、照明和风水电供应等。

【创新思考与创新实践】

37. 榜样力量

长江三峡水利枢纽工程，又称三峡工程，是当今世界综合规模最大的水利水电工程。其建设面临前所未有的挑战，许多技术问题超出了当时的规范标准。建设团队攻克一系列重大科学技术难题，掌握了相关的核心技术。

三峡工程大江截流综合难度为世界之最，通过采用深水平抛垫底、单戗堤立堵截流技术，解决了超大水深、大流量截流技术难题，创造了截流施工 24h 抛投强度 19.4 万 m³ 的世界纪录，并确保了截流施工期间长江航运安全畅通。

三峡工程二期围堰施工最大水深 60m，挡水水头高、工程规模大，技术复杂性和施工难度世所罕见，施工期又遭遇 1998 年大洪水。通过创新工艺工法，围堰在短短 6 个月内填筑至度汛高程，经受住了四个汛期的考验。

三峡大坝混凝土浇筑施工强度极高，为确保质量和进度，针对三峡大坝施工特点，最终采用以塔带机连续浇筑为主，门塔机、缆索起重机浇筑为辅，计算机全过程监控的混凝土快速施工新技术，连续 3 年年浇筑量超过 400 万 m³，创造了 548 万 m³ 的世界纪录，为三峡工程按期完工提供了有力保障。

据统计，三峡工程建设形成的科技成果获国家科技进步奖 20 多项，省部级科技进步奖 200 多项，专利数百项，创造了 112 项世界之最。2019 年，长江三峡枢纽工程项目获得国家科学技术进步奖特等奖。

38. 创新创业小故事

请查阅资料了解三峡工程的混凝土浇筑和冷却施工技术，形成汇报资料并探索该技术如何在其他大型工程中运用、升级和改造。

学生综合学习评价表

评价维度	评价项目	评价指标	学生自评	同伴互评	教师评价
知识	基础性知识	1. 掌握水利工程的概念和分类			
		2. 掌握水利工程中的基本施工方法			
	方法性知识	1. 学会从不同渠道搜集信息并整理			
		2. 主动学习并掌握水利工程新工艺			
	创新性知识	1. 了解目前国内外最新的水利施工技术			
		2. 根据工程情况提出合适的施工方法			
能力	语言表达	回答问题言简意赅、有理有据、论证信息正确且充足			
	搜集整理	搜集到足够的学习资料，并提取精华			
	创新思维	能提出独特的观点，主动发现新问题，提出新想法			
综合	自我反思				
	教师评语				

课后习题

1. 我国水资源的特点有哪些？
2. 水工建筑物的类型有那些？
3. 简述农田水利工程的组成以及各部分的作用。
4. 土石坝的类型有哪些？
5. 何谓导流方案？导流方案选择考虑的主要因素是什么？
6. 常用的起爆方法有哪些？
7. 工程爆破基本方法的划分方式有哪些？深孔爆破和浅孔爆破的划分方式有哪些？
8. 大体积混凝土温度控制的措施有哪些？
9. 平洞开挖方式有哪些？各有什么特点？

附录 实战案例

项目一：旧屋新夯——现代夯土修建与修复技术助力新乡建

1. 项目背景

夯土建筑是人类使用最早、最广泛的建筑形式，如图 1 所示。具有冬暖夏凉、宜居、造价低廉、安全环保和施工简易的特点。

图 1 夯土建筑

夯土建筑的原材料是泥土，由于原材料的局限性，在经过自然灾害水浸、风蚀或地震后，墙体出现表面损毁、开裂或破碎等一系列破坏现象。传统的夯土建筑的抗震能力不足五级，抗击灾害能力弱，居住功能差，很难满足当今人们的生产和生活需要，如图 2 所示。

图 2 传统夯土建筑缺陷

164

随着"十四五"规划的出台，在 2021 年的中央一号文件中，国家就明确指出将会大力推动村庄的规划和建设工作，逐步实现乡村振兴战略。2022 年中央发布财政补助资金，用于农村低收入群体等重点对象危房改造和农房抗震改造的支出，到"十四五"末，四川省完成农村危房改造 15 万户的目标任务。

国家大力推广现代夯筑技术在农房修建和修复中的应用，颁布相关的政策，将夯筑技术进行地方试点，重点是完善农房功能和提高农房的质量，从而提升乡村整体建设水平，改善农民生产生活条件。

由于传统夯土建筑房屋的夯土设备简陋、施工工艺落后及房屋质量的缺陷，抗压、防水及抗震性能差，传统夯土建筑问题频出，很多问题亟待解决，现代夯筑市场有很大的发展空间。

2. 项目创新点

材料创新保质量；设备创新提效率；工艺创新控成本；设计创新留乡愁；系统创新保安全，如图 3 所示。

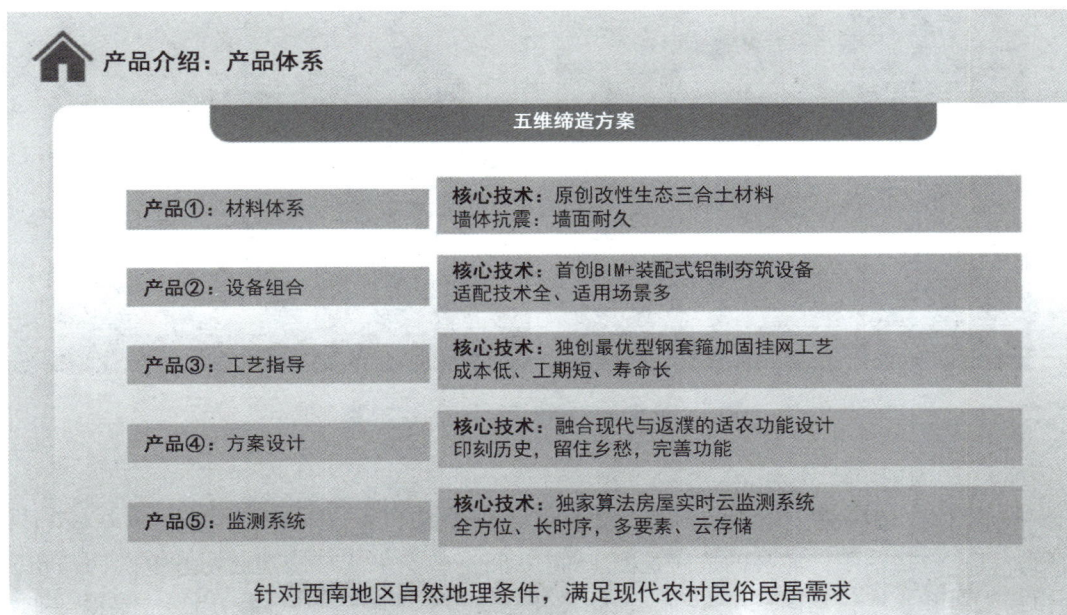

图 3　项目创新点思维导图

3. 建设案例

（1）新建典型案例

甘孜州得荣县札格村"三室打捆"（包括文化室、卫生室和活动室）现代夯土试点项目成功入选全省农村住房建设试点，如图 4 所示。

（2）老房加固

广元市昭化区柏林沟有 C 级危房 4 间，D 级危房 1 间，采用现代夯土修复技术，提高了建筑的抗震性能，C/D 级危房改造后抗震设防烈度为 8 度以上，加固施工工期为 8~12d，改造前后对比图如图 5 所示。

图 4 "三室打捆"现代夯土试点项目

图 5 柏林沟危房改造项目前后对比图

（3）推广应用

截至目前，团队累计参与新建农房 9 间，加固危房 11 间。技术推广到 4 市 9 县 14 个村落。其中包括绵阳梓潼县的危房检测工程 18 间、广安华鉴市修建新房 6 间、西昌市阿七镇螃蟹村和水塘村加固危房 5 间。加固及新建农房节能舒适、坚固耐用，成果得到业界认可。

项目二：建筑 502 无机胶粘剂

1. 项目背景

2020 年 3 月 7 日，泉州市一酒店因违法增加夹层而发生楼体坍塌，造成 29 人死亡，42 人受伤；2022 年 5 月 6 日，长沙居民老旧自建房发生倒塌，造成 53 人遇难，如图 6 所示。旧房加层改造时未对原有结构加固，导致承载力不足，是房屋倒塌的主要原因。

房屋加固常用方法为外粘钢板或者碳纤维布，粘接剂为环氧树脂类有机胶粘剂。目前国内广泛应用的环氧树脂类有机胶粘剂产品缺点为不耐高温、强度低及有毒性，作为胶粘

图 6　旧房加层改造致房屋倒塌实例图

剂加固混凝土构件会出现后期工程的质量问题。

　　目前国内已经广泛应用环氧树脂类有机胶粘剂产品，但都因产品不耐高温、强度低、有毒性和适用温差窄，作为胶粘剂加固混凝土构件后出现后期工程的质量问题，难以满足我国人民的居住需求，如图 7 所示。

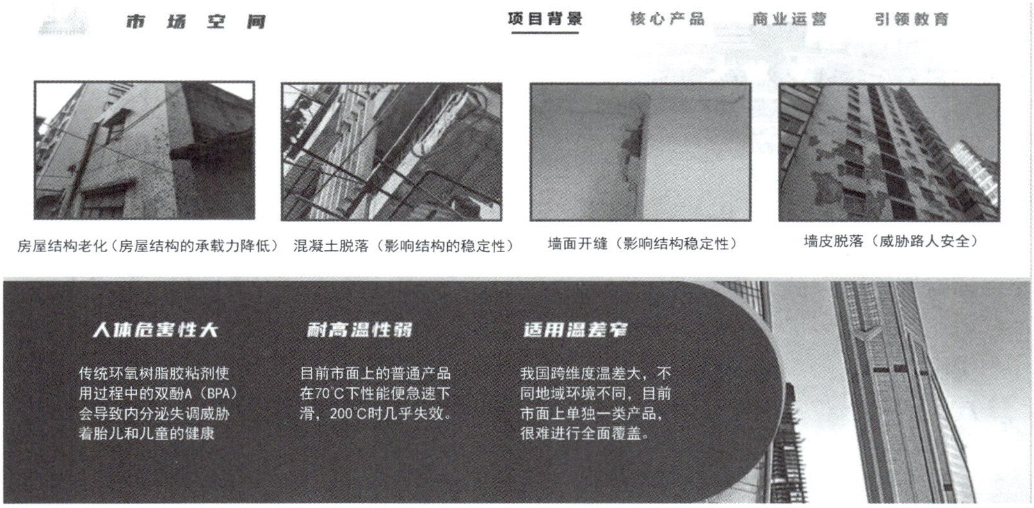

图 7　项目背景

　　"十三五"至"十四五"期间，我国胶粘剂在产量、年销售额等各方面均呈现增长态势，平均年增长率为 2.3%。国家提出号召：到 2025 年末，大体改变国内产品高端不足、低端过剩的问题，努力使行业高附加值产品达到 40%。国家对溶剂型氯丁胶（包括鞋用胶）、SBS 树脂类胶粘剂等绝大多数产品进行生产许可证管理，并提高了准入门槛，同时将年产量定为 5000t 以上。

2. 项目创新点

　　工作室生产的改性磷酸镁水泥无机胶粘剂是一种由环保材料制成的胶粘剂，在耐高温、强度性能上有了显著提升，主要应用于房屋建筑的加固修补领域，具有很高的工程实用性，如图 8 所示。

竞品分析

产品	耐高温性能	抗剪强度	抗压强度	产品售价
	室温	10MPa	12MPa	45000元/吨
SUPE	70℃	8.2MPa	16MPa	55000元/吨
LEWEI	120℃	6MPa	12.5MPa	63000元/吨
	500℃	0	0	
	800℃	0	0	
蓝田	1000℃	3.2MPa	6MPa	90000元/吨
PATTEX	1500℃	1.2MPa	4.3MPa	125000元/吨
本产品	100℃	13MPa	20MPa	42000元/吨
本产品	1200℃	1.8MPa	5MPa	

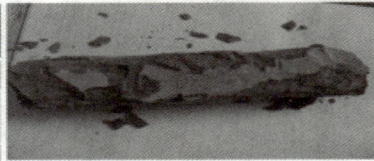

(a) 普通硅酸盐水泥

(b) 磷酸镁水泥
抗冻能力优秀

(实验环境：冷冻实验室，中心温度-17℃，连续冻融100次)

图 8　改性磷酸镁水泥无机胶粘剂特点

（1）材料创新

通过采用硅灰石粉与磷酸二氢钾、重烧氧化镁进行特殊配比混合，加入其他无机材料，使材料发生特殊化学反应从而完成材料改性，打造低碳高性能水泥。

（2）特殊工艺

通过采用高温煅烧工艺对氧化镁进行煅烧处理。使产品在原有的性质上发生改变，与其他材料更容易融合，达到产品性能的提升。

（3）特殊材料

以硼砂作为缓凝剂，基本原理是硼砂中 $B_4O_7^{2-}$ 离子和氧化镁中的 Mg^+ 反应生成了一层沉淀膜，覆盖在氧化镁的表面，延缓氧化镁和磷酸盐的反应时间。

3. 建设案例

本产品与同类产品相比，不仅强度上有显著提升，而且价格也更低。

目前已在加固工程中得到实际应用，施工环节图例展示如图 9 所示。

☐ 柱增大截面-钢筋安装-含植筋　　☐ 外墙抹灰砂浆

图 9　施工环节图例展示（一）

图9 施工环节图例展示（二）

项目三：基坑卫士——基坑智能实时监测预警一体化解决方案

1. 项目背景

基坑安全是建筑安全的关键屏障。基坑是为进行建筑物基础与地下室的施工所建成的地面空间，随着高层建筑和城市地下空间的发展，我国基坑工程数量猛增。全国建筑施工安全事故中坍塌事故占 15.77％，其中基坑坍塌事故占 65.25％，监测原因导致的基坑事故占比达 50％。项目背景如图10所示。

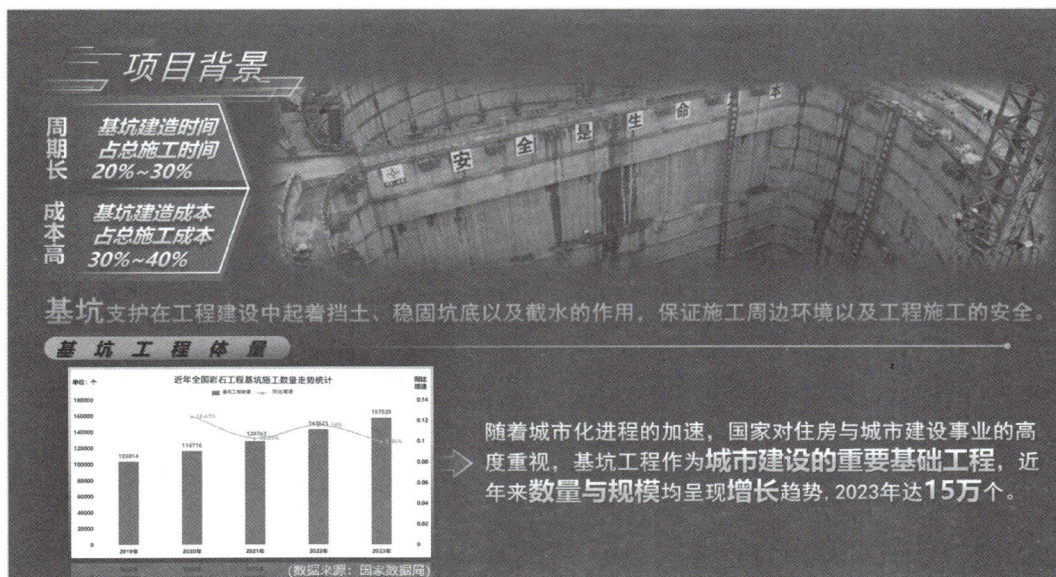

图10 项目背景

随着城市化进程的加快，城市中的高层建筑、地铁、隧道等工程越来越多，基坑监测市场也逐步扩大。同时，随着国家对建筑质量和安全的要求越来越高，基坑监测成为建筑领域的重要一环。

中国是全球基坑监测市场增长最快的国家之一，也是全球基坑监测市场规模最大的国家之一。随着建筑业的不断发展，对基坑监测的需求也在不断提高。基坑监测市场仍有很大空间。

近年来，为了加快传统制造业数字化、网络化、智能化改造，推动产业链上下游延伸，形成较为完善的产业链和产业群体，国家出台了多项政策，大大推动了建筑行业转型发展，也为基坑监测的发展提供了政策支持，如图 11 所示。

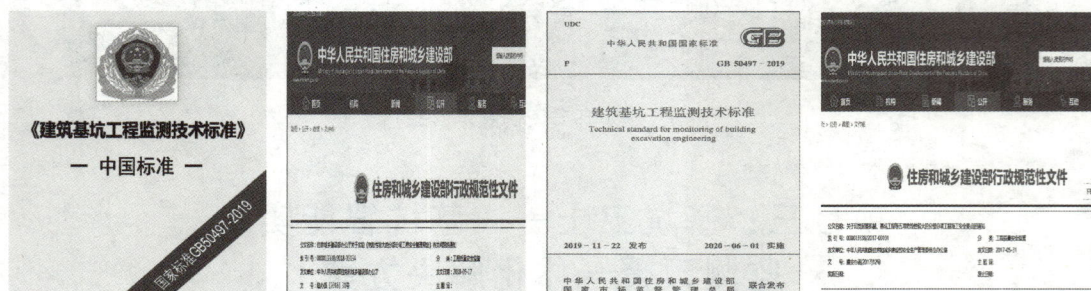

图 11　政策支持

2. 项目创新点

（1）硬件集成技术

将特定装置放置于基坑施工区域对基坑的形变等数据进行监测，所监测的数据会实时传输至数据处理中心站，代替了原有人工所进行的人力监测，如图 12 所示。

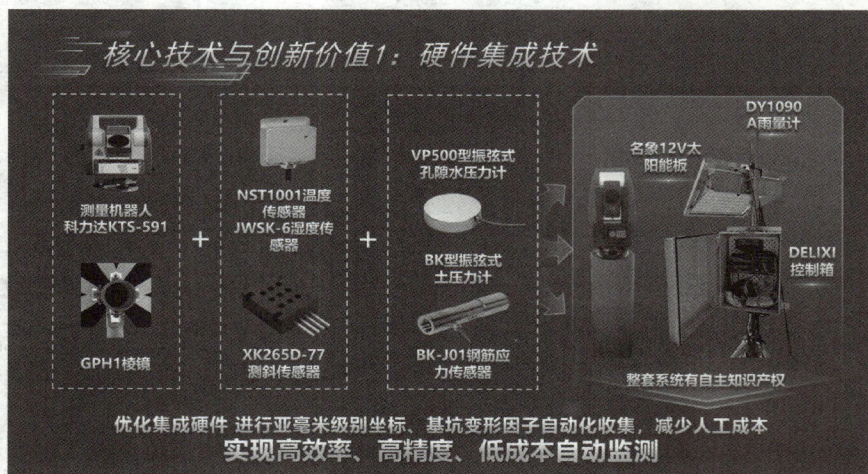

图 12　硬件集成技术

（2）软件平台技术

自主研发基坑监测预警专属平台系统，利用专属软件平台实时进行数据处理、信息管理、预警发布，实现智能化管理，如图 13 所示。

（3）数据处理技术

新创基坑变形指标算法，综合运用并优化算法，实现基坑监测核心指标预警科学化，

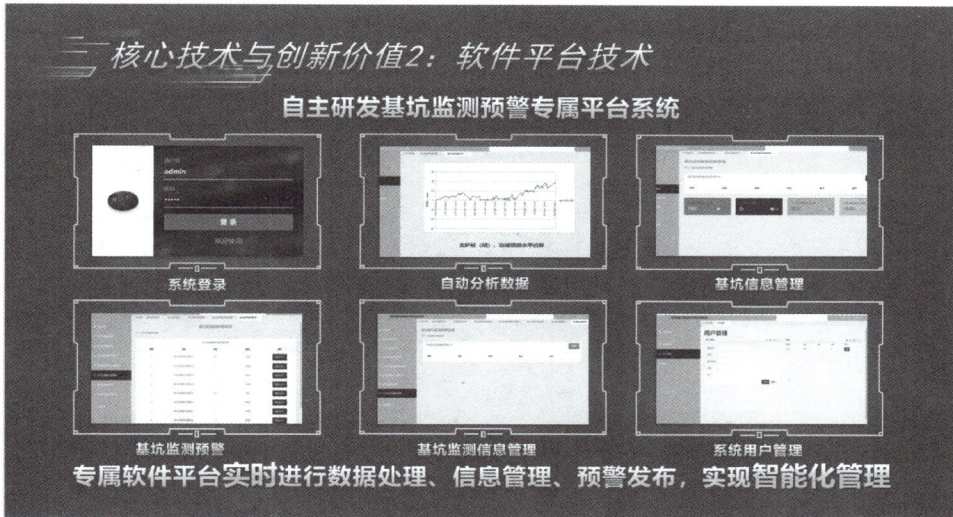

图 13　软件平台技术

保障预警准确性，如图 14 所示。

图 14　数据处理技术

（4）预警建设技术

创新构建分级预警体系，危险程度科学化展示，基坑状态清晰掌握，如图 15 所示。

（5）BIM 建模技术

BIM 的核心是通过建立虚拟的基坑三维模型，利用数字化技术，为这个模型提供完整、与实际情况一致的基坑施工模拟现场，如图 16 所示。

3. 建设案例

四川省德阳市某项目二期三号基坑监测项目预收费 25.7 万元，较国家标准《工程勘察设计收费标准》的常规技术收费 44 万元，节约 18.3 万元，如图 17 所示。

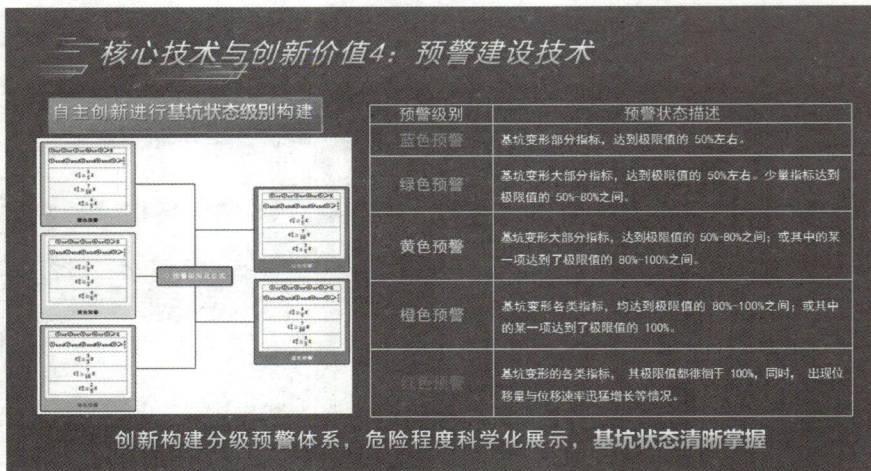

图 15　预警建设技术

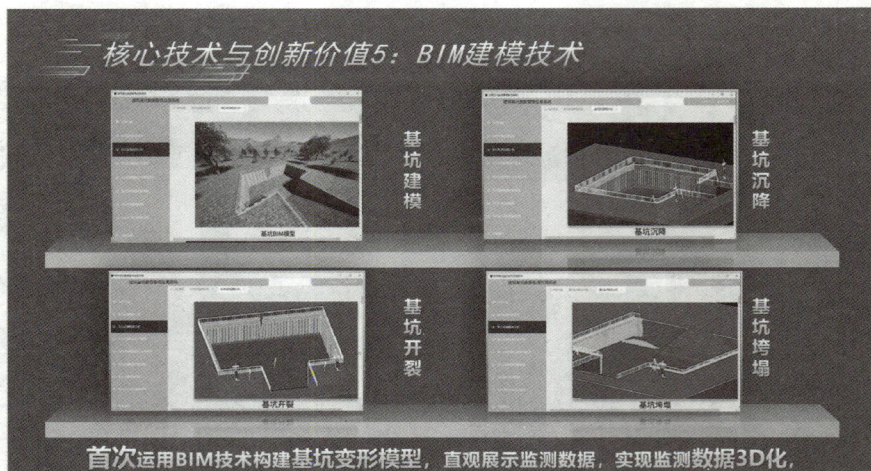

图 16　BIM 建模技术

图 17　四川省德阳市某项目

　　四川省宜宾市某项目一期四号基坑安全监测项目预收费 29.8 万元，较国家标准《工程勘察设计收费标准》的常规技术收费 52 万元，节约 22.2 万元，如图 18 所示。

172

图 18　四川省宜宾市某项目

参 考 文 献

[1] 杨建民. 水利工程施工[M]. 北京：中国水利水电出版社，2024.

[2] 华北水利水电大学水利水电工程系. 水利工程概论[M]. 北京：中国水利水电出版社，2020.

[3] 谢文鹏. 水利工程施工新技术[M]. 北京：中国建材工业出版社，2020.

[4] 中华人民共和国水利部. 水工混凝土施工规范：SL 677—2014[S]. 北京：中国水利水电出版社，2014.

[5] 孙宝芸. 交通土建工程概论[M]. 北京：中国水利水电出版社，2019.

[6] 刘晓军，刘庆涛，高志刚. 机场施工技术[M]. 北京：人民交通出版社，2016.

[7] 李炎保，蒋学炼. 港口航道工程导论[M]. 北京：人民交通出版社，2010.

[8] 徐炬平. 港口水工建筑物[M]. 北京：人民交通出版社，2011.

[9] 李洋洋，季雅莎，喻化龙，等. 国内外综合管廊现状和存在问题以及发展趋势分析[J]. 市政技术，2023，41(10)：261-269.

[10] 陈刚，张培兴，刘紫婵，等. 国内地下综合管廊文献信息挖掘与分析[J]. 项目管理技术，2023，21(2)：6.

[11] 彭芳乐，杨超，马晨晓. 地下综合管廊规划与建设导论[M]. 上海：同济大学出版社，2018.

[12] 郭高林. 基于敷设优先度与供给能力的城市综合管廊平面布局方法[D]. 陕西：西安建筑科技大学，2016.

[13] 姜天凌，李芳芳，苏杰，等. BIM 在市政综合管廊设计中的应用[J]. 中国给水排水，2015，31(12)：3.

[14] 睢向国. 论盾构隧道的分类及适用范围[J]. 科学之友，2010(17)：80-81.

[15] 张旭，王文千，许有俊，等. 呼和浩特地铁明挖法换乘车站节能减排技术创新[J]. 建筑结构，2022，52(S1)：3238-3242.

[16] 吴惠明，汤漩. 上海轨道交通9号线超浅覆土盾构施工引起的地面变形特性及对策[C]. 第四届中国国际隧道工程研讨会文集，2009：131-138.

[17] 中华人民共和国交通运输部. 公路工程施工安全技术规范：JTG F90—2015[S]. 北京：人民交通出版社，2015.

[18] 中华人民共和国交通部. 公路沥青路面施工技术规范：JTG F40—2004[S]. 北京：人民交通出版社，2004.

[19] 中华人民共和国住房和城乡建设部. 城市桥梁工程施工与质量验收规范：CJJ 2—2008[S]. 北京：中国建筑工业出版社，2008.

[20] 中建八局. 桥梁工程施工技术标准：ZJQ08—SGJB 018—2018[S]. 北京：中国建筑工业出版社，2018.

[21] 邵旭东. 桥梁工程[M]. 北京：人民交通出版社，2023.

[22] 全国一级建造师执业资格考试用书编写委员会. 公路工程管理与实务[M]. 北京：中国建筑工业出版社，2024.